英国皇家植物园栽种秘笈
球根

邱园种植指南

英国皇家植物园栽种秘笈
球根

［英］理查德·威尔福德　著

邢彬　译

北京出版集团
北京美术摄影出版社

目录

* 本书每种植物介绍的左上方
会有推荐的种植环境，以供读
者参考。

简述球根的栽种

球根的价值

球根是容易栽种、色彩丰富、赏心悦目的庭园植物。无论是乡村花园还是窗槛花箱，总能找到适合你栽种的球根植物。

球根植物中的春花广为人知，可事实上，从深冬到盛夏，一年中的每个月都能看到球根花卉的身影。如果你秋季种下球根，大概3~4个月后会开花，而如果是夏末栽种，则只需要短短几周就能开花。试问，让花园焕然一新，还有比种植球根植物更简单迅速的方法吗？

"球根"一词可以用来描述一系列不同的植物，这些植物的共同点是在地下存活时都有休眠期。植物在面对自然栖息地的不良生存环境时有多种存活方式，如果生活在季节性干燥的地方，那么在地下休眠则是扛过较长干旱期的一种方法。球根植物将所有再度生长所需的养分很好地贮藏在地下部分。这正是球根易于栽种的原因。可以购买一个干燥的球根，埋种在花园里，用水唤醒它，使它复苏并焕发生机。

当然，除了水，还需要点别的。球根需要阳光——有时需要大量的光照，当其处在休眠期时通常不需要太多水分。有些球根几乎怎么样都能活，有些则会因为在错误的时间吸入了哪怕一点点水就会死掉。一般市面上售卖的以及容易找到的球根都很好成活。水仙（*Narcissus*）、郁金香（*Tulipa*）、风信子（*Hyacinthus orientalis*）、番红花（*Crocus*）、花葱（*Allium*）都是适宜栽种的庭园植物。

本书中，我使用"球根"一词来描述地下贮藏养分的球根植物，严格来讲应称之为地下芽植物，字面意思就是"土里的植物"。植物有各种不同的养分存储方式。除了真正的鳞茎，还有球茎、块茎和根状茎，它们都有着相同的基本功能。那么，什么是真正的鳞茎呢？

对页 郁金香属（*Tulipa*）的"红光"（Red Shine）早早地就为花园的花境增添了绚丽的颜色

9

唐菖蒲·（Gladiolus）——比如这种美丽的拜占庭唐菖蒲（*Gladiolus × byzantinus*）——就是由球茎生成，成长表现与真正的鳞茎完全相同

真正的鳞茎（Bulb）

真正的鳞茎会将用来供下一季生长的营养物质贮藏在膨大的鳞茎盘中。随着茎叶的枯萎，地下的鳞茎盘会因贮藏水分和养料而膨大。每年鳞茎的顶芽都会生发出新的茎叶，鳞茎盘下会长出新的不定根。渐渐地，鳞茎盘上会生出层层鳞叶，中心处最为幼嫩。将鳞茎一分为二，你会看到其中的分层。洋葱是鳞茎类植物的代表，鳞叶层次清晰可见。由于鳞叶是由内而外生长的，会逐渐变薄，通常最外层由脆薄的膜状物包裹，称作膜质鳞皮。真正的鳞茎会随着时间的推移越变越大。

例外也是有的，比如郁金香。郁金香会在生长过程中将鳞茎中的养分消耗殆尽，接着由新生成的鳞茎取而代之。这些鳞茎没有逐渐形成的层层鳞叶，不过却有膜质鳞皮，有些品种的膜质鳞皮相当厚实坚韧，可以阻隔并保护鳞茎不受冻害。像百合（*Lilium*）等其他没有层层鳞叶的鳞茎类植物，则会由鳞茎盘生出松散的鳞片，并聚集在鳞茎盘上。这类鳞茎类植物没有膜质鳞皮。大蒜属鳞茎植物，其鳞茎盘会生出鳞芽。以上这些都是鳞茎类植物；都是由鳞叶长成，而其他一些地下芽植物则是将营养物质贮藏在不同的部位中。

球茎（Corm）

球茎完全可以像真正的鳞茎那样种植，只不过它是由膨大的茎形成的。球茎的叶片会完全枯萎，而地下的一部分茎会膨大并贮藏下次生长所需的养分。球茎没有鳞茎般层层的鳞叶，它是实心的，有的非常坚硬。球茎有顶芽，会长出新的茎和叶，会从底部生长。球茎通常只能存活一年，其贮存的所有养分都会在成长时消耗殆尽。和鳞茎一样，球茎一般都有干燥的外皮，如果要挖，一般都会在新长成的球茎下边找到前一个已经干瘪了的球茎。

番红花就是球茎，唐菖蒲、雄黄兰（Crocosmia），还有草原藏红花（Colchicum）也都是球茎。从栽种上来说，鳞茎和球茎非常相似。唯一需要注意的是，由于球茎一年一生，因此这类植物在生长期间需要充足的阳光和水分，如此才能长出茁壮健康的新球茎。

块茎（Tuber）

块茎可以是膨大的茎也可以是膨大的根。块茎生长于地下，贮藏养分的方式与鳞茎和球茎完全相同。这类植物有仙客来（Cyclamen）、眼镜蛇百合（Arisaema）、疆南星（Arum）、密花紫堇（Corydalis solida）和冬菟葵（Eranthis hyemalis）。

块茎的芽在其表面，可以生出新的茎和叶，根系通常生发自块茎底部。块茎的芽可能不止一个。如果观察一棵仙客来老株的块茎，可以看到表面上有许多芽苞，有时会形成小小的木本植株，在其上开花长叶。块根——比如狐尾百合（Eremurus）——是变态根，且只会在茎的连接处生芽。

大部分块茎的栽种方式都与鳞茎相同，不过也有一些块茎，比如仙客来，需要栽种于土壤表面，而不是埋在地下。

根状茎（Rhizome）

根状茎是地下茎，通常水平横生。其上的芽会长出新的叶、茎和根。根状茎一般为一年中部分时间生长缓慢的植物，比如多年生草本植物，不过它们会通过膨大来贮藏营养物质。并非所有的根状茎植物都耐旱，尽管它们可以通过放缓生长速度来躲避严寒和较短的冬日。有着肉质根状茎的植物可以适应季节性干旱，其中有许多都可以像鳞茎植物般栽种。

耐旱的根状茎植物有百子莲（Agapanthus）和红旗百合（Hesperantha coccinea）。有些根状茎并不是特别适应干燥的环境，虽然会和鳞茎一起售卖，但与鳞茎不同的是，它们会在一年中较为干燥的时期休眠。这类根状茎植物有延龄草（Trillium）和铃兰（Convallaria majalis）。

购买百合鳞茎时，留意选择不太干的，不要选择带霉菌的

雪花莲（*Galanthus*）可以趁"绿"购买，这时它们仍在生长中，不过买来后必须立刻栽种

选择和购买球根植物

夏季是球根植物接二连三到来的时节，满是冬春季开花的球根花卉，也会有少部分的秋季品种，比如草原藏红花，此类球根会在整个夏季休眠，也正是如此，才会在该季出售，需要立即栽种。园艺店和苗圃会在架子上展示球根，用五颜六色的包装来吸引你。夏季开花的球根会在冬季和春季出售，以便春季栽种。

不管是翻阅色彩纷呈的植物目录还是浏览网页，选择要买的球根可谓一项艰巨的任务。那么建议来了，如果你是要在自家花园中种植球根，那么购买时要品种少数量大，不要买好多种而每种就那么几个。举个例子，25~50株的一大片郁金香，看上去肯定比一小块地上的5株花要震撼得多。

还要考虑开花的时间。你可以种植开花早的球根，比如用水仙中的"二

月金"（February Gold）来开启这一季，或者你可能喜欢彻底的春花盛世，那就让你所有的球根花卉在同一时间一齐绽放吧！

如果你准备种在容器中，那么球根少一些是可以的。10株郁金香在花盆中就已经很多了，不同的花盆可以种植不同的球根。你可以在每个花盆中栽种不同种类的球根，像意大利千层面那样分出层次（详见第58页），打造出美妙绝伦的色彩组合。

你不必非得购买处于休眠期的球根，可以买那些种在花盆里正在开花的球根，这样立刻就能观赏。当这些球根的花期结束，你一定要把它们种在花园中，这样来年这些球根会再次开花。趁雪花莲仍"绿"时购买——花已落而叶还在，现在这种做法非常普遍，你也可以购买整盘新近挖出的球根，回家立即就能栽种。

尽管最好是一买来球根就立即栽种，不过像郁金香之类的鳞茎是可以一直放置到晚秋的

从商店或园艺店购买鳞茎时，要留意选择饱满坚实的。如果球根特别绵软，局部腐烂或者表面有霉菌，一定不要买。买得越早，球根的质量就越好。你可以在球根购买季接近尾声的时候买到一些打折力度很大的商品，这些球根可并不是在架子上摆过好多个星期或好几个月的，那样的话它们就太干了，不过，面对这种待遇，像郁金香和花葱这样的品种表现会比其他球根好一些。同样地，要留意那些在包裹中就已经开始生长的球根。这些球根需要立即栽种。草原藏红花尤为如此，它们会在初秋时节的花园中开花，还可能在商店里就直接开给你看。

如果你是在网上购买球根，那么要尽可能选择有信誉的供货商。口碑好的商家会是不错的领路人，还会有在线评论可供阅读。要小心那些看上去特别便宜的球根。如果你是大量购买，比如一大袋水仙的球根，价格可能会便宜。不过供货商会给球根分等级，通常个头越小的越廉价。这些球根第一年可能不会开花，或者可能生命力不够强根本无法存活。

花园中的球根

冬季

　　隆冬时节，严寒的早晨，或许还有皑皑的白雪，花园中似乎杳无生机，然而仔细看去，你会发现从冰冷大地中探出头来的雪花莲。在树下，你可能会找到开着黄色花朵的冬菟葵或者是粉红色的小花仙客来（*Cyclamen coum*），接着，第一簇番红花如期而至。

　　在光秃秃的土地上，冬季球根花卉会显得格外突出，等到春季和夏季的植物开始生长时，它们则会全身而退，消失在地底下。如果你不想顶风冒雨地照料植物，那就把冬季球根花卉种在隔着窗户就能望到的地方，或者种在花盆里放在家门口。在所有可以栽种的球根花卉中，冬季的花朵是最能带给人希望的。

春季

　　如果说冬季的球根花卉能给人带来希望，那么春季的球根花卉则会带来你所渴望的快乐。天气一开始变暖，球根就会开始迅速生长。新的嫩芽会很快抽长，不久就会开花，为你的花园带来盎然生机。春季是水仙、郁金香、风信子和贝母（*Fritillary*）的时节，此外还有太多种类可以栽种。

　　开春时，番红花用宝石般的花朵装点着草地。落叶树下，狗牙董（*Erythronium*）、蓝瑰花（*Scilla*）或者银莲花（*Anemone*）毯，在光秃秃还未长叶的枝条下一齐绽放。

　　在花境中，由于多年生草本植物刚刚苏醒，此时春季球根正好可以填补灌木与开花植物间的空白。它们可以作为勿忘草（*Myosotis*）与滴血的心（*Lamprocapnos spectabilis*，荷包牡丹）等其他春花的补充。可以将水仙与西伯利亚牛舌草（*Brunnera*，也叫心叶牛舌草）种在一起，将郁金香和清新的羽扇豆（*Lupinus micranthus Guss*）嫩叶放在一块。就这样，在绿荫渐浓中盛开的蓝铃花（*Hyacinthoides*）里，在长高的青草中绽放的颀长的糠百合（*Camassia*）中，春季结束了。

夏季

　　夏季球根不得不在百花齐放的花园里一争高下。这个季节始于高大的观赏鸡腿葱，其顶部的紫色头状花序很快就会铺满多年生草本植物的花境。这些观赏葱其实是晚开花的春季球根植物，花朵在临近生长季尾声时盛开。

　　雄黄兰有着长长的、矛状形的叶片，会形成密集的丛簇，穗状花序从中长出。色彩鲜亮的花朵十分显眼，叶子会保留并持续至秋季。百合花长在其多叶茎的顶部。这些叶子可能是轮生的，比如欧洲百合（*L. martagon*），会在初夏时开花。晚开的百合花，比如湖北百合（*L. henryi*），花开在高高的茎上，高于周遭的植物。

　　在稍低些的位置，较小的凤梨百合（*Eucomis*）以及晚开花的观赏葱，比如山韭（*Allium senescens*），不会和较高的植物去竞争，但需要一些属于它们自己的空间。它们可以用来填补如鬼罂粟（*Papaver orientale*，也叫东方罂粟、近东罂粟）等初夏多年生植物留下的空

左上 冬季的雪花莲（*Galanthus nivalis*）

左下 夏季的岷江百合（*Lilium regale*）

右上 春季的洋水仙（*Narcissus pseudonarcissus*）

右下 秋季的秋水仙（*Colchicum autumnale*）

白。如果你想在自家花境中充分利用好夏季球根花卉，那么了解夏季球根植物与花园其余植物之间的关系尤为重要，其重要性远胜于其他季节。

秋季

夏季休眠的球根会在秋季开始生长，此时恰逢栖息地雨水到来，打破了干旱期。对于大多数的秋季球根而言，根部会率先生长，随后是叶，接下来才是开在春季的花朵。有些球根植物会先开花，后长叶，在辉煌的夏季逐渐消退之时可以起到提振花园的作用。

秋季的球根花卉给人带来欢喜的地方，是它们似乎会突然之间不知从哪里就冒出来了。上一分钟还是光秃秃的土地，下一分钟突然就星星点点地开起了五颜六色的花。秋季开花的番红花，如华丽番红花（*C. speciosus*）和裸花番红花（*C. nudiflorus*），杯状的花朵会在初秋时节开放，多见于草坪中和树底下。草原藏红花与之类似，通常会被误称为秋水仙，然而它的花比水仙的更大，叶子也更宽。

常春藤叶仙客来（*Cyclamen hederifolium*）的第一朵花会在夏末开放，接着就是秋雪片莲（*Acis autumnalis*）。粉红色喇叭状的纳丽石蒜（*Nerine bowdenii*）和颠茄百合（*Amaryllis belladonna*）也是秋季开花，是植株较高的球根中每年在该时节开花的品种。

自然化种植球根

在花园中栽种球根的一种非常有效的方式就是自然化栽种。意思就是种好后，让它们看上去就像天然生长在这片土地上一样。球根植物一旦扎下根来，就会散布在花境或草坪中（详见《在野外看到的球根植物》，第 133 页）。用这种方式栽种春季球根最为适合，对有些秋季球根来说同样奏效。

用该方法栽种球根最重要的就是随机分布，千万不要均匀地排列，那样种出来的效果看上去十分不自然。拿起几个球根，将它们随手扔在地上，落在哪儿就种在哪儿。有些可能会离得比较近，只要不是紧挨着，中间至少有一个球根的宽度就行。最后可能会出现有几小块地上完全没有球根的情况，那样也没有关系。目的就是营造出让植物看起来有如花在野的效果，有些地方茂密，有些地方留出点儿空白区域。

自然化栽种球根最适用于草坪。将球根随意地散开，用铲子或球根种植器单独为每个球根挖坑，坑深应至少是球根的 3 倍。水仙可以用该方式栽种；还有许多在草坪中看上去很美的品种，比如从低生的围裙水仙（*N. bulbocodium*）到较高的洋水仙等。晚开花的有红口水仙（*N. poeticus*）等。长得高的球根在草坪上比较好看的有大糠百合（*Camassia leichtlinii*）。你得留着草不能割，得等到叶子自然枯萎才行，因此，这种栽种方式不适合规整的区域。大糠百合和红口水仙都是春末开花，所以草坪得一直到初夏才能修剪。

适合自然化栽种法的小球根有雪花莲、番红花（包括春季和秋季）、蓝瑰花和蛇头贝母（*Fritillaria meleagris*，也叫花格贝母或阿尔泰贝母）。要在草坪中栽种这些品种，你需要掀起部分草皮，将球根随机分布在裸土上，再将卷起的草皮铺在球根上盖好。有些球根植物——比如蛇头贝母和围裙水仙——全年都需要水分，可以的话，尽可能把它们种在草坪中较为湿润的地方。

当然，你也可以在花境中以自然化方式栽种上述球根，这也是为冬菟葵和春季银莲花属类植物——如希腊银莲花（*Anemone blanda*）、狗牙堇、草原藏红花以及亮红色的斯普林格郁金香（*Tulipa sprengeri*）——建立属地的最好方式。此外，种在花境中，你无须为何时割草而烦恼。

开花后

球根的花朵是其最吸引人的地方，然而花落后你处理球根的方式，对它们的长期存活起着至关重要的作用。球根必须有充足的养料助其度过休眠期，随后才能再次生长。这种养料是由叶子生成的，由此，若过早去除叶片会对球根的长势产生不良的影响。生长于花园中的球根叶片应该待其自然枯萎。将叶子绑到一起看上去的确整齐有序，可是这样做会减弱叶片光合作用的能力，进而损害球根。

如果球根是长在草地里的，你得任草生长，直到球根自然枯萎。开花早的球根花卉，比如雪花莲和番红花，会在

秋季开花的华丽番红花，以自然化栽种的方式在草丛中生长得很好

观赏葱会在其生长季末期开花，通常叶子在开花时就已经干枯了。许多观赏葱的种子穗都很好看，可以保留下来装点花园。不过最终这些种子穗会慢慢衰败，变得杂乱不堪，届时，你可以按照与地面齐平的高度将其割掉。

如果你的花园潮湿且土壤黏重，你担心球根有可能活不过夏季，这种情况下，你可以在球根花期过后将其挖出。当叶子开始出现变黄的迹象时，就是可以安全挖出的时候。不要摘除叶子，给它们时间自然枯萎。接着将球根存放在阴凉、干燥、避光的地方，比如花园的棚房中或车库里，一直放到秋季，可以再次栽种的时候。这种方式通常适用于郁金香栽培品种，这类品种非常厌恶雨水过多的夏季。同时，这样做可以将球根按照大小分类，再次栽种时，将最大的种在花园里，丢掉个头小的，或者将小的栽种到花园的一角，培育至可以开花的大小。你还可以将在冬季无法存活于土地里的半耐寒性的夏季球根也挖出来。

草长得太过凌乱之前枯萎。生长在草地中的水仙，尤其是那些晚开花的品种，意味着草会长到很高之后才能修剪。通常来说，球根植物开花后，草还需保留6个星期。

一旦球根的叶子开始变黄变干，就可以将其轻松拔出了。如果拔的时候仍有阻力，就再多给它们点时间，等等再拔。将腐烂的叶子留在土地上会导致霉菌感染，还可能会波及球根，因此值得花时间清除干净。花茎保留的时间可能会更长些，尤其是如果有带种荚的，除非你想要其中的种子，否则提早割掉并不会造成什么损害。

整地与栽种

　　好的土壤是花园欣欣向荣的关键。栽种前事先处理好土壤很值得，可以让你的植物有个非常好的开端。球根需要水、通风和养分，大部分的球根都需要良好的排水系统。既有保水性又排水良好的土壤，听上去有些矛盾，但却是许多球根完美的生存环境。这意味着土壤不会很快变干，既能存留住球根需要吸收的水分，又能排掉多余的水分。休眠期时，几乎没有球根能在积水过多、潮乎乎的土壤里存活下来。休眠期中的球根可以在干旱的环境下生存，几乎没有水都可以，若埋在潮湿的土壤里会导致球根腐烂。

　　土壤由 3 种主要介质构成：沙子、

淤泥和黏土。沙子的颗粒最大而黏土的最小。主要由黏土颗粒构成的土壤会是稠密且黏糊糊的，在黏土上开辟花园的人会非常了解，黏土变干后会特别硬，这是最不适合种植球根植物的土壤。沙质土壤虽松软透气，可是缺少营养物质，并且水分流失很快。这种情况在球根休眠期时还好，但当球根生长时则需要很费力地去争取获得足够的水分。最完美的土壤，通常称为壤土，大致上沙子和淤泥的比例相当，再搭配比例较少的黏土。同时还需要来自腐殖质的有机物质，来增加额外的养分。

要改良你的土壤，可以添加有机物质，比如分解的花园堆肥、腐叶土和充分腐熟的粪肥。对于重黏土来说，这样做可以疏松土壤结构，让空气和水在其中流动。这种方法不会立竿见影，需要每年在土壤中添加有机物，花上好几年时间才能将重黏土转变成肥沃的壤土。对于沙质土壤来说，有机物可以帮助存留一些水分，同时给植物提供更多养分。与重黏土相比，沙质土壤更适合球根植物，不过仍需要补充额外的养分来确保球根的健康生长。在球根的生长过程中，这种养分可以通过在土壤中施加低氮肥来实现，比如血、鱼和骨头，或者稀释后的番茄肥料。

土壤的 pH 值（酸碱度）也各不相同。酸性土壤的 pH 值低，碱性土壤的 pH 值高，中性土壤则介于两者之间，pH 值约为 7。你可以购买检测工具包来测试自家土壤的酸碱度。大多数球根都可以在中性略微偏碱性的土壤中存活

得很好，也可以耐受一定的酸性。很少有球根需要酸性土壤——东方百合是个例外。一般来说，林地球根——比如狗牙堇、延龄草和仙客来水仙（*Narcissus cyclamineus*）——可能对酸性土壤的耐受度更好一些。

一旦处理好土壤，就可以栽种你的球根了。种植的深度取决于球根的大小：较大的球根，需要较深的坑。对于大部分的小球根来说，建议种植深度为 10 厘米；对于较大的球根，坑深至少应为球根大小的 3 倍。所以，对于从顶部到底部为 5 厘米的球根来说，坑深至少应为 15 厘米。表层的土壤在温暖的天气下一天就能干透，种在该土层中处于生长期的球根会严重缺水。如果种得太浅，郁金香鳞茎等较大的球根会分裂成小鳞茎，是不会开花的。

例外也是有的，如若某个球根需要栽种于土层浅表处，本书会在单独的植物条目中提及（详见第 26~132 页）。例如，仙客来因花茎无法穿透深厚的土层，就需要栽种在土壤表层。不过，对于大多数球根来说，栽种得深一些会更好。

对页上图 好的花园土壤是由沙子、淤泥和黏土组成的混合土，外加一些有机物质
对页中图 经过适当处理的土壤，栽种球根时很容易用铲子挖开
对页下图 栽种球根，你只需要一套简单称手的工具：铁锹、铲子或球根种植器用来挖坑；花盆用来种小球根；沙砾用来覆盖土壤

在容器中栽种球根

在容器中栽种球根，可以让你摆脱花园土壤的诸多限制。你还可以轻松地移动植物，保护它们免受寒冷和潮湿天气的伤害。如果没有花园，你可以在住所门前用窗盒或花盆来种植球根。你可以尝试不同的组合，在一个容器中混合栽种不同的球根，当春季球根的花期结束后，可以用夏季或秋季球根来替换。

选择一个容器，要与球根开花时的状态成比例。比如，颀长的百合与高大的郁金香需要种在大而深的花盆里，而较小的球根则可以种在敞口的、相对较浅的平底盆中，还可以种在窗槛花箱或者小一些的赤陶花盆里。小花盆里的土会很快干透，因此，在球根的生长过程中要确保时常检查土壤的湿润度；大花盆很容易水浇多，表层的土壤可能摸上去干干的，但底下却仍然很湿，所以，检查水分需求的时候可以挖得稍微深一点。花盆底部一定要有孔，这点十分重要，可以排出多余的水。

花盆中的土应该是品质良好的、以壤土为基底的混合土，在此基础上你可以添加一些沙砾来提高排水性。两份壤土基底搭配一份 3~5 毫米大小的沙砾，适用于大部分球根。林地品种可以添加腐叶土或其他有机物来代替沙砾。这种方式也可以帮助排水，不过，可以蓄留较多水分是偏好富含腐殖质土壤植物的理想选择。

栽种时，将壤土混合土填至花盆深度的大约 2/3 处。将球根种在土壤表面，间隔均匀，彼此不要挨在一起（对土壤

小鳞茎，如达尔马提卡小风信子（*Hyacinthella dalmatica*）和葡萄风信子（*Muscari*）都非常适合种在花盆中

排水性要求很高的球根可以种在一层纯沙中，以确保每个球根的基盘在处于休眠期时不会过于潮湿）。然后在花盆中填土，填至距花盆边沿 2.5 厘米处，以壤土混合土为主。最后，你可以在表面覆盖一层沙砾。除了看上去美观以外，下雨或浇水时还可以保护植物的叶片不会溅上泥土。

种好后，浇透水。看到水从花盆底部流出时，你就知道土壤已经彻底底湿润了。待叶子开始出现在土面以上时，就可以隔段时间，当土壤开始有些变干时再往花盆里浇水了。生长过程中，土壤

选择足够结实的容器，以满足球根不断增长的需求

这款漂亮且够深的赤陶平底容器，很适合仙客来这类不需要栽种过深的球根

应保持湿润。同时，如果你计划让球根的寿命再多一年，那么最好在其生长过程中每两周施一次液体肥。使用低氮肥，如稀释至一半浓度的番茄肥料，既可以帮助球根变得强壮，又不会使叶片过度徒长。

一旦球根的花期结束，在叶子仍绿的时候，你还是需要继续往花盆中浇水；当叶子开始变黄时，则需要减少浇水的次数。之后，你可以将花盆移到干燥的地方，让球根可以好好地休息。可以将球根放在温室的凳子下、树下或房子的屋檐下。如果想立刻直接重复利用某个

容器，需要将球根倒出来，把上面的土晾干。你可以将这些球根种在花园中，再种上新的球根用于来年的展示。

将球根种在窗槛花箱中也是非常不错的选择。适合栽种的有番红花、网脉鸢尾（*Iris reticulata*）、风信子、小一些的水仙，如"头对头"水仙（*Narcissus 'Tête-à-tête'*）、三蕊水仙（*Narcissus triandrus L.*）和姬鹬水仙（*Lymnocryptes minimus*），还有葡萄风信子。或者，你也可以在窗槛花箱中植满郁金香，来个一次性的盛大展出。

简易繁殖法

如果你想要更多的球根，却又不想总是去购买，这里有一些简便的方法来繁殖你的球根。一株健康的植物会自然而然地随着时间不断繁殖，有时你购买的球根在子球边上会有小一些的腋芽，这种情况常见于水仙。这些腋芽会在1~2年的时间里长大，并逐渐由多个一起成长的球根形成串，所有的球根再生出花茎。增加球根数量最为简便的方式就是繁殖。

分球

球根的分离应在休眠期进行，不过雪花莲和冬菟葵可以在生长期分离。对于其余的球根来说，可以在叶子基本上彻底枯萎后挖出。如果已经完全找不到叶子的踪影，那么除非做过标记，否则就需要四处挖一挖，找一找球根的所在了。

将整个球根串挖出来，整理并分离成一个一个的球根。随后这些球根可以再次种下去，分散开来，扩大领地，或者在新的地点再开辟一块土地。分离球根时，你经常会看到还附着在母球上的子球又长出了新的腋芽。这个现象多见于真正的鳞茎，球茎和块茎上则比较少见（详见第10~11页）。小心地掰下子球，与母球一同栽下。每个子球之间留出额外的空间，可以促进腋芽的进一步生长。

如果你的球根是种在花盆里的，应待其彻底枯死后再从盆中取出。将球根从干燥的土中挖出来，将母球和其他所有生发的子球分离。较大的子球，应该还会再次开花，可以将它们存放在阴凉干燥处休眠，之后种在新的容器中。较小的子球可以分别种在花盆中，养到可以开花的大小，或者栽种在花园中。

幼小的新鳞茎，也称作子鳞茎、小鳞茎或珠芽，会在母鳞茎的基盘周围形成，在茎的底部或者偶尔（常见于百合）长在土层之上的叶腋处。这些小鳞茎在生长时需要格外地呵护，毕竟它们实在太小了。将它们种在不会太热和太干的地方，或者种在花盆里，时常查看水分。土壤一定不能干透。

划割、扦插和切块

对于真正的鳞茎来说，繁殖小鳞茎可以采用划割或将鳞茎切块的方式。鳞茎的分层都连接在基盘上，即鳞茎那大致呈圆形的、会生根的底部。基盘的主要作用就是繁殖小鳞茎。

划割的方法是在基盘上浅切出十字，但仍保持鳞茎的完整性。这种方式要在鳞茎休眠期即将结束时进行，划割时要使用锋利无菌的刀。划出切口后，将鳞茎直立放置于盛有沙子的浅盘中，这样可以覆盖住基盘。每天用水喷湿沙子，使其保持微潮即可，切记不要太湿。几周后，新的小鳞茎就会沿着基盘的切口处形成。当这些小鳞茎长到可以握住的大小时，掰下来，栽种在混合土

对页 让你的鳞茎（如雪花莲）增加数量的最为简单的方式就是从主鳞茎上取下小鳞茎，然后单独栽种

中（详见"在容器中栽种球根"，第20
页）。土壤应该保持湿润，这样小鳞茎
才不会干死。这些小鳞茎会在母鳞茎开
始生长时同步长出叶片，并慢慢膨胀变
大。进入休眠期时，将它们从花盆中取
出，栽种在更大的花盆里，或者种在花
园中。

有些鳞茎的鳞片松散，比如百合，
可以将这些鳞片从鳞茎上剥离，使其长
出新的鳞茎，这种方式叫作扦插。在
生长季接近尾声时，从母鳞茎上小心
地剥离一些鳞片。将这些鳞片装入盛
有潮湿蛭石的塑料袋中，放在温暖的室
内。短短几周后，每个鳞片上就会生
出小小的珠芽。当这些小鳞茎长根后，
就可以移入装有混合土的花盆中继续
养殖。

对于正常分层的鳞茎来说，如水
仙、风信子、雪花莲和蓝瑰花，子鳞
茎的繁殖可以采用将休眠的鳞茎切块
的方式，但要确保每块上都有基盘的
部分。将鳞茎纵向切开，切成楔角形，
或"碎块"，每块都要带着点基盘。处
理这些碎块与对待鳞片的方式相同，随
后它们会从基盘处长出球芽。如果你喜
欢刺激和挑战，还有一种较为复杂的
方式，叫作双重扦插法：将鳞茎切成
小块，每块上都包含两瓣鳞茎分层或
"鳞片"，附在很小的一块基盘上。比
起切块法，双重扦插生出的小鳞茎会
更多。

通过分球、划割、扦插和切块的方
式获得的新鳞茎，与母鳞茎完全相同。
这些方法可以用来繁殖自身没有可生长

发育种子的鳞茎，比如一些郁金香和水
仙种。

播种

虽然从种子长到球根需要好几年，
不过这种方式比营养繁殖收获的球根数
量要多得多。

开花后，就要留意种荚了。有些球
根植物的种子穗非常明显，远远高于地
面，比如观赏葱；而像番红花之类的球
茎，种子则会贴近地面，你需要在周围
枯萎的叶子里搜寻。当种荚变成棕黄色
时，就会开始开裂，此时正是收获种子
的时候，可以切断种荚剥开，或者将种
荚放入纸袋里，让种子脱落其中（详见
《专题9：从种子开始培育球根花卉》，
第104页）。种子可能很小，呈圆形，
色黑（像小胡椒一样），也可能较大，
扁平，像纸一样薄而干。

将种子撒在盛有混合土的花盆表
面，上面薄薄地覆盖一层筛过的混合
土，然后再撒一层细沙砾。小心地浇
水，保持土壤的湿润度。可以将花盆
放在户外阴凉、有遮蔽物的地方，也
可以放在清凉的室内窗台上或者凉爽
的温室中。当种子开始发芽——大多
数的球根会长出细细的、像草一样的
叶子，将刚出芽的幼苗留在花盆中继
续生长，在长成小球之前不要动它们，
这可能需要1~2年的时间。之后，当
幼苗休眠时，可以从花盆中取出，将
小球栽种到稍大一些的花盆中。两年
后，这些球根应该足够大了，就可以种
在花园中了。

观赏葱的种子可以从吸引人的种子穗中收集

有些球根的种子大而扁平，如大百合（*Cardiocrinum giganteum*）

　　有些种子可以直接种在花园中，种在你希望它们生长的地方。斯普林格郁金香和小花仙客来就可以采用这种方式。你会发现有些球根自己就会这样，在花境中播撒它们的种子。

耐寒区

　　每种球根条目都对应着相关等级的耐寒区，英国皇家园艺协会（RHS）划分出这些等级，以此显示植物在从高温到低温的环境中的生长状况。在等级为1~2的区域，植物全年都需要完全没有霜冻的环境。能够在霜冻环境下存活的植物属于等级为3及以上的耐寒区，数字越高表明温度越低，对应着可以耐受冰点以下的植物类型。想要进一步了解每个耐寒分区的详情，可登录英国皇家园艺协会的网站查询（http://www.rhs.org.uk）。

球根植物

秋雪片莲

Acis autumnalis，也写作 *Leucojum autumnale*

　　小巧娇美的白色钟形秋雪片莲，茎部纤细，距离地面仅几厘米。一大簇秋雪片莲随风摇曳，会成为秋日花园迷人的装点。

哪里种

　　可栽种于升高植床、岩石庭院或阳地花境的前部，这样秋雪片莲不至于被其他植物掩盖。秋雪片莲需要优质轻质土，排水性要好，同时土壤中需要保留一点水分。

如何种

　　夏末时种下的小球，很快就会开花。细窄如青草般的叶片会持续到春季。

栽种秘笈

　　秋雪片莲很容易被其他植物遮挡，因此你可以将其种在花盆里，开花时再取出展示。

科	石蒜科（Amaryllidaceae）
高度	10~15 厘米
花期	秋季
耐寒性	耐寒区 5
位置	阳光充足且排水良好

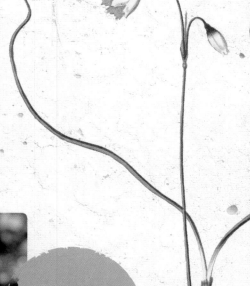

秋雪片莲和个头较大的春雪片莲非常像，不过通过基因序列分析，两种植物不同属。

28

百子莲

Agapanthus，也叫非洲百合、尼罗河百合、蓝百合

圆形伞状花序的百子莲令人印象深刻，有蓝色、紫色、白色，有时呈粉色，现身于仲夏，高高地矗立在带状叶片上方。源自南非，这种引人注目的植物在充满异域情调或地中海风格的花园里看起来很棒。

哪里种

百子莲适合栽种于温暖有遮挡的地方，可以靠墙栽种或者种在阳坡上。需要避免严重的霜冻，不过其中有些会比其他品种耐寒。

如何种

春季把百子莲种在排水良好的土壤中，夏季要多浇水。在会出现霜冻（经常低于 −5℃）的花园里，可将鳞茎种在花盆中，冬季挪入室内，不过常绿品种仍需要光照。

栽种秘笈

每年落叶的品种是最耐寒的，如铃花百子莲（*A. campanulatus*），冬季会收敛成肉质根状茎。厚厚的干燥有机覆盖物可以保护花境中的根状茎免受霜冻的侵袭。

科	石蒜科
高度	45~150 厘米
花期	秋季
耐寒性	耐寒区 3~4
位置	炎热且阳光充足

南非百子莲
（*Agapanthus africanus*）

尽管也叫作非洲百合，百子莲却与葱属、洋葱属（详见第 30 页）的关系更为密切。

花葱

Allium

引人注目的、顶端呈圆球状的花葱，有紫色、粉色或白色之分。晚春时节开始，就陆续飘荡于周围植物之上，为花境增添了梦幻的华丽装饰。花葱的种类繁多，有些品种会在夏末开花。许多品种用来做切花看起来效果不错（详见《专题 8：为切花开辟一小块土地》，第 94 页），种子穗也很漂亮。

哪里种

可以种在任何阳光充足的多年生草本花境中、砾石花园里或者夹杂在观赏草中，只要土壤不会积水就可以（详见《专题 1：在草本花境里种植花葱》，第 34 页）。较小的品种适合种在花盆里。

如何种

大部分花葱的鳞茎最适合秋季栽种，不过也可以延长至初冬。大个鳞茎需要深些的坑。可以与夏季多年生植物种在一起，这样花葱的花期结束后，夏季多年生植物刚好能长出来填补空隙。

栽种秘笈

栽种鳞茎时，可分散于其他植物之间，不要聚在一起。这样，花朵会牵引你的目光顺着花境流转。

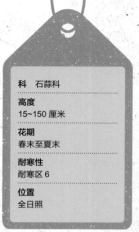

科	石蒜科
高度	15~150 厘米
花期	春末至夏末
耐寒性	耐寒区 6
位置	全日照

山韭（*Allium senescens*）

洋葱、韭葱、细香葱、大蒜、青葱，还有观赏型的花园鳞茎都是葱属的不同品种。

大花葱（*Allium giganteum*）

圆头大花葱（*Allium sphaerocephalon*）

知名的品种和变种

- 高大的"鼓槌"（drumstick）花葱是最引人注目的，名字也同样令人印象深刻，比如"球王"花葱（*A.* 'Globemaster'）、"大使"花葱（*A.* 'Ambassador'）、"角斗士"花葱（*A.* 'Gladiator'）和大花葱（*A. giganteum*）。白色的种类有黑韭（*A. nigrum*）和"珠穆朗玛峰"花葱（*A.* 'Mount Everest'）。
- "紫色轰动"花葱（*A.* 'Purple Sensation'）很好种植，可以自己在周围播种，慢慢地在花境中蔓延开来，但不会疯长成灾。
- 波斯之星花葱（*A. cristophii*）是矮茎花葱中最好看的，有着大大的、舒展的伞状花序和漂亮的种子穗。
- 山韭（花开在短茎上，花期从仲夏至夏末）是晚开花的品种，与圆头大花葱一样（花头小而紧密，呈深紫色，很适合与高大的观赏草搭配种植）。

西西里蜜蒜

Allium siculum，也写作 *Nectaroscordum siculum*，也叫西西里蜂蜜百合、地中海响铃

西西里蜜蒜现在列入葱属了，不过球根售卖时大部分仍沿用蜜蒜（*Nectaroscordum*）这个名称。钟状花开放时开始下垂，聚在高茎顶端松散的伞状花序中，每朵都是粉色的花、绿色的底。随着种荚的成熟，花朵会再次指向上方。

哪里种

这是一款容易栽种在阳地花境或砾石花园的球根植物，在这些地方西西里蜜蒜会高出周围的植物，成为突出的亮点。茎部会保持得很好直到入夏，种子头会不断成熟。

如何种

秋季栽种。最好种在全日照的位置，不过，只要夏季土壤不过分潮湿，西西里蜜蒜也可以耐受些许斑点树荫。

栽种秘笈

在温暖、阳光充足的花园里，西西里蜜蒜会在四周大量繁殖。要防止繁殖过度，你可能需要在其散播种子前先除掉已经褪色的花头。

科	石蒜科
高度	75~120 厘米
花期	春季
耐寒性	耐寒区 5
位置	阳光充足且排水良好

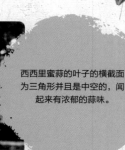

西西里蜜蒜的叶子的横截面为三角形并且是中空的，闻起来有浓郁的蒜味。

颠茄百合

Amaryllis belladonna，也叫泽西百合

糖果粉色的喇叭形花朵于初秋绽放，比叶子出现得早。这种南非品种的百合会在高大直立的茎部顶端开出数朵花，在避风处，一大簇颠茄百合会成为一道美丽的风景。

哪里种

这种鳞茎在温暖、朝阳、靠近墙根的地方可以生长得很繁盛。在没有霜冻的花园里，可以种在花境的前端，为夏末增色。

如何种

将大鳞茎的顶端置于土壤的表层，不必深埋于地下。轻质、排水良好的土壤最为适合，因为颠茄百合在休眠期时喜欢干燥的环境。

栽种秘笈

在土壤中添加一些沙砾，铺在鳞茎下方可增加排水性，夏季有助于鳞茎底部保持干燥。

科	石蒜科
高度	50~70 厘米
花期	初秋
耐寒性	耐寒区 4
位置	阳光充足且有遮蔽物

颠茄百合一直以来都与另一种秋季开花的鳞茎纳丽石蒜杂交，生成一种属间杂交品种，这种植物比朱顶红（*Hippeastrum*）矮小，比纳丽石蒜的喇叭形花数量多。

专题 1：在草本花境里种植花葱

在繁盛的春季球根花卉逐渐消退后，花葱就上位了，这也预示着夏季的到来。花葱开花时，夏季的多年生植物也已经长起来了。高大的"鼓槌"花葱可以在新生发的植株中脱颖而出，在茂盛的草木中展示它们绒球般的花头。

秋季是种植花葱鳞茎的时节，不过你得在多年生草本植物中腾出些地方。将这些鳞茎在花境中分散种植效果很好，从前到后，这样开花时可以为花园增加纵深感。可以花些时间在土地上摆放鳞茎，以达到你心中的理想效果，别忘了，有些变种能长到 1 米以上，比如"大使"花葱。一旦你满意栽种的位置了，就可以给每个鳞茎挖坑了。这些鳞茎可能会非常大，你需要把坑挖得深一些。可以用铲子或球根种植器来完成这项工作。首先将球根种植器推入土里，一直推到底，当你把种植器提起来的时候，塞子里边会塞上土。然后将鳞茎放入坑洞中，再用种植器挖另一个坑，这时候刚刚塞在里面的土会顶上来，你可以把土倒在第一个坑里，盖住鳞茎。

花葱的鳞茎会在冬季开始生长，经过一整个春季，叶片会越来越长。有些较大的花葱的叶片可以形成相当惊人的树丛。开花时，叶子就都枯萎了，不过那时多年生草本植物应该已经长起来了，可以遮挡住干黄的叶子。当花葱的花期结束时，多年生植物就会来接手这片土地，这就是完美的规划。

1　高大的"鼓槌"花葱的鳞茎很大，栽种时需要挖深坑。

2　秋季，在草本植物中间清理出些空地，将花葱鳞茎分散地摆放在土地上。然后就可以开始种了。

3　用球根种植器或铲子挖坑。这时前一个坑里的土会随着种植器下推时顶上来。

4　"大使"花葱是花葱中最高大的变种之一，初夏时会展现独特风采。

5　"紫色轰动"花葱比多数花葱品种要小，不过它却能自行繁殖，一点点地占领周围的花境。

银莲花

Anemone

银莲花有许多不同的品种，不过只有小小的、带有球状凸起块茎的地中海银莲花可以像鳞茎那样种植。希腊银莲花可以用蓝色或白色、雏菊般的花朵铺满地面，欧洲银莲花（*A. coronaria*）则会开出色彩斑斓又艳丽的碗状花朵。

科 毛茛科
(Ranunculaceae)
高度
10~30 厘米
花期
初春到仲春
耐寒性
耐寒区 5
位置
半阴或全日照

哪里种

希腊银莲花很适合种在有阳光或斑点树荫的地方，也可以在林地花园生长（详见《专题 3：种出一张银莲花毯》，第 50 页）。欧洲银莲花喜欢炎热、光照充足的地方，适合种在草堤上或砾石花园里。

如何种

在秋季种下小小的块茎，在花境中分散开来。它们会慢慢地扩散繁殖。希腊银莲花可以作为春季较高球根花卉的下木栽种植物。"白色辉煌"（White Splendour）是很受欢迎的希腊银莲花变种。

栽种秘笈

栽种前，先将块茎在温水中浸泡几个小时，吸饱水可以促进其生长。

希腊银莲花
（*Anemone blanda*）

银莲花可能是"主"（Naaman[①]）的变体，根据希腊神话描述，在"主"洒下血液的地方长出了血红色的欧洲银莲花。

[①] Naaman 为闪语，有"主"或"老爷"的意思。闪语是古代美索不达米亚语言的一个支系。——译者注

眼镜蛇百合

Arisaema，也叫神坛里的杰克

所有球根花卉中最奇怪的花莫过于眼镜蛇百合了。它长着有些诡异的向下耷拉的佛焰苞，上面通常带有醒目的斑纹，位于硬而直的茎上。一簇眼镜蛇百合就像一群从地洞里往外看的狐獴一样。

科 天南星科（Araceae）
高度
30~100 厘米
花期
晚春到初夏
耐寒性
耐寒区 4
位置
凉爽且半阴

哪里种

眼镜蛇百合最适合富含腐殖质的土壤和斑点树荫的环境，可以种在林地花园或半阴花境中。夏季尽量不要让土干透，此时是眼镜蛇百合的主要生长期。

如何种

深秋时种下块茎。春季时一看到幼苗出现，就要确保土壤不再变干，一直要保持到叶片枯萎的夏末时分。

栽种秘笈

你还可以在大花盆里种眼镜蛇百合。许多眼镜蛇百合的叶子和它们奇怪的花序一样吸引人，可以成为花园阴暗角落处的亮点。

眼镜蛇百合的花朵很小，蜷缩在一起隐藏在中央肉穗花序的根部，其兜状佛焰苞通常有着迷人的图案。

普陀南星（*Arisaema ringens*）

意大利疆南星

Arum italicum，也叫意大利领主和夫人

意大利疆南星有着迷人的叶脉和斑驳的箭形叶片，特别是其亚种"大理石纹"（Marmoratum）。叶子会在冬季持续生长，到了春季，宽大的浅绿色佛焰苞会现身，接着会长出亮橙色但有毒的浆果。

科	天南星科
高度	15~30 厘米
花期	春季
耐寒性	耐寒区 6
位置	全日照或斑点树荫

哪里种

意大利疆南星适合种在全日照或斑点树荫的地方，可以适应各种环境，只要土壤不是一直潮湿即可。可以将其作为冬季草本花境或落叶乔木下的地被植物。

如何种

秋季种下几个块茎就会长出一片漂亮的树丛并慢慢扩散开来，这是由于意大利疆南星会不断从母株上分出新的植株。如果家中有年幼的孩子，最好不要栽种意大利疆南星，可能会导致孩子误食有毒的浆果。

栽种秘笈

意大利疆南星到了夏季会慢慢死去，因此要将块茎埋得足够深，这样就可以把夏季开花的植物种在相同的位置上了——15 厘米深就行。

类似斑叶疆南星（*A. maculatum*）的品种有超过 100 个俗名，包括杜鹃品脱、讲坛上的牧师以及领主和夫人。

蓝盂花
Bellevalia

　　蓝盂花的小鳞茎很像葡萄风信子，小小的花朵聚集在直直的花茎顶端。许多蓝盂花的花色呈浓淡不同的奶油色或棕黄色，不过深紫色或彩蓝色的品种是最迷人的，如密花风信子（*B. pycnantha*）。

哪里种

　　蓝盂花适合生长在混合花境中的落叶乔木和灌木下，这样它们可以在生长季获得充足的光照和水分，或者试着将其种在升高植床中，这样可以近距离观赏花朵。

如何种

　　这类鳞茎很容易在夏季干燥一些的土壤中生长。秋季种在阳地花境中或者尝试种一些在花盆里，不过冬季和春季时要始终保持土壤湿润。

栽种秘笈

　　若单独看，蓝盂花毫不起眼，所以要将其鳞茎成簇或成丛栽种，这样才会在花境中形成视觉冲击力。

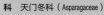

科　天门冬科（Asparagaceae）
高度 15~20 厘米
花期 春季
耐寒性 耐寒区 5
位置 全日照或斑点树荫

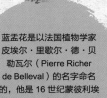

蓝盂花是以法国植物学家皮埃尔·里歇尔·德·贝勒瓦尔（Pierre Richer de Belleval）的名字命名的，他是 16 世纪蒙彼利埃（Montpelier）植物园的创始人。

尖叶蓝盂花
（*Bellevalia paradoxa*）

紫灯韭

Brodiaea

这种生长缓慢的球茎，初夏会开出星星状紫色的花朵，值得尝试栽种在花园中。最有可能购买到的品种是加州紫灯韭（*B. californica*），其硬挺直立的花茎上，松散的伞状花序有超过 15 朵花之多。

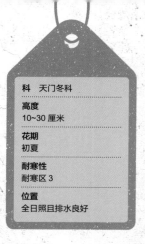

科	天门冬科
高度	
10~30 厘米	
花期	
初夏	
耐寒性	
耐寒区 3	
位置	
全日照且排水良好	

哪里种

紫灯韭适合种在岩石花园、升高植床或倾斜的花境中，以确保夏季不会处于潮湿的土壤中。它们还需要种在有遮蔽物的地方，阳光要充足。

如何种

含有沙砾的、排水良好的土壤可以让这些球茎生长得很好。种在了对的地方，它们就可以在大部分春季球根花卉的花期结束后成为色彩缤纷的亮点。

栽种秘笈

紫灯韭的叶子会在冬季持续生长，所以等到开花时看起来会有些破败。因此，可以把它们种在低地植物中间，比如半日花属（*Helianthemum*）植物，这样可以把紫灯韭的叶片藏起来。

紫灯韭来自夏季干燥的山丘和西部的北美山区，野生的加州紫灯韭仅在美国加州才能找到。

冠花紫灯韭
（*Brodiaea coronaria*）

蝴蝶百合

Calochortus，也叫仙灯、球形百合、星星郁金香

蝴蝶百合的花瓣颜色漂亮，花朵长在纤细、结实的茎上，叶片狭长，这些元素使它成为最迷人的春季球根花卉之一。尽管并不容易养护，不过只要耐心尝试，付出的努力就不会白费。

科	百合科（Liliaceae）
高度	
10~30 厘米	
花期	
春季	
耐寒性	
耐寒区 3	
位置	
干燥、阳光充足、有遮蔽物	

哪里种

这种敏感的球根需要温暖和光照才能长得好。把它们种在阳光充足、有遮蔽物的地方，或者，更好的话，种在花盆里，可以保护它们不会受冻和淋雨。

如何种

沙质、排水良好的土壤很重要，雨水不能过多，这就是说通常要把蝴蝶百合种在花盆里，放在不加温的温室中或冷床上，除非你的花园有地中海的气候条件。

栽种秘笈

浇水的方式是栽种成功的关键，要让球根在绝大部分时间里保持干燥，一直到早春时开始生长为止。蝴蝶百合一旦枯萎，整个夏季和秋季就都不要再浇水了。

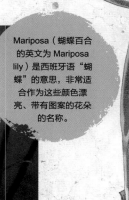

Mariposa（蝴蝶百合的英文为 Mariposa lily）是西班牙语"蝴蝶"的意思，非常适合作为这些颜色漂亮、带有图案的花朵的名称。

猫耳百合
（*Calochortus elegans*）

41

专题 2：在花盆中培育不耐寒的球根

并非所有球根都足够耐寒，适合种在花园中。有些球根需要避开严寒的气候，夏季才能适应户外温度，只要没有霜冻的风险，盆栽或地栽皆可。这类半耐寒的球根花卉有喇叭百合（*Watsonia*）、立金花（*Lachenalia*）和波斯仙客来（*Cyclamen persicum*）。

全年需要格外温暖气候的球根属于不耐寒型。如果是冬季生长型，那么额外保持温度就更为重要。如果你想培育它们，需要把它们放在屋里，像室内植物那样养护。这类球根只需要一个明亮的窗台、一个漂亮的花盆、一些土即可。

朱顶红是不耐寒型鳞茎中最引人注目和受欢迎的品种之一，可以在秋季或初冬时购买，买来就能直接栽种。大的鳞茎通常还会有可以看到的根系。这些根系和鳞茎的下部都应该埋进混合土中（详见"在容器中栽种球根"，第20页），不过需要把上半部分或者更多的地方露出来。花盆边沿只需要比鳞茎宽一点点即可，花盆边沿和鳞茎之间的距离最多2.5厘米。往土里浇水，将花盆放在温暖处，静待嫩芽生出。

一旦球根开始生长，你就可以把花盆移到较为凉爽的地方，比如明亮、靠近窗户的位置。要不时转动花盆，以免盆内的幼苗趋光生长。这样你将很快就能拥有一盆可以观赏的精神的喇叭状花朵了。花期过后，割掉花茎，但要保留叶片，让叶片继续生长，以便为球根提供养分，好让它们来年再次开花。

1 朱顶红的鳞茎很大，购买时通常都带有从基盘长出的须根。

2 栽种每个鳞茎时，都要把须根和基盘用混合土盖住，其余的部分则需要露出来。要保持土壤湿润。

3 一旦嫩芽开始萌出，就要确保鳞茎处于光线良好的地方。幼苗会趋光生长，因此需要不时转动花盆以保持植株笔直。

4 最后，肥硕的花蕾会打开，绽放出巨大的喇叭状花朵。朱顶红开花后会使顶部过重，可以用金属支架帮助其保持挺立。

糠百合

Camassia，也叫印度风信子

这种大鳞茎会长出带状基生叶，高高的穗状花序上长着许多浅蓝至深蓝色的花朵，有些像超大的蓝铃花，只不过是在茎上长满了花。成堆栽种的糠百合长成后会产生巨大的视觉冲击力。

哪里种

糠百合在冬季和春季时需要大量的光照和水分，可以把它们种在阳地花境中，与春季和夏季多年生植物夹杂在一起，或者种在落叶乔木下的草地中。

如何种

秋季，将鳞茎栽种到排水良好的土壤中，不过土壤需要全年保有一定的水分。如果种在草地中，记住要等到糠百合的叶子完全枯萎之后才能割草。

栽种秘笈

在野外，糠百合通常生活在季节性沼泽地中，因此一定要确保你的鳞茎不会变干，尤其是生长期时。

科	天门冬科
高度 50~100 厘米	
花期 晚春	
耐寒性 耐寒区 4	
位置 有阳光或斑点树荫	

夸马糠百合
（*Camassia quamash*）

糠百合的鳞茎可以食用，早在成为园艺植物以前，它们曾经是美洲印第安人的食物来源。

大百合

Cardiocrinum giganteum，也叫喜马拉雅百合

鳞茎花卉中的巨人，这种植物会在多叶且高度超过2米的茎上长出数个巨大的白色的喇叭状花朵。鳞茎大而重，可能需要好几年才会开花，不过值得等待。

哪里种

这种大而多叶的植物需要大量水分。大百合来自喜马拉雅山脉的斜坡，那里夏季的降水量很高，因此它们需要种在凉爽的林地或半阴花境中。

如何种

将大百合的鳞茎种在富含腐殖质、水分充足但不要积水的土壤中。大的鳞茎可能需要1~2年才能开花。生长期时需保证充足的水分。

栽种秘笈

在倾尽所有能量长出可观的花芽后，鳞茎就会枯死，不过它还会长出可以剥离的小鳞茎，再慢慢长成可以开花的大小。

科	百合科
高度	1~2.5 米
花期	夏季
耐寒性	耐寒区 5
位置	凉爽的夏荫

巨大的花朵开败后会迎来超大的种荚，里面是纸片状的种子。从种子到开花需要花费 7 年或更长的时间。

草原藏红花

Colchicum，也叫裸女

夏季开花，秋季枯萎，草原藏红花高脚杯形状的花朵通常呈淡淡的紫罗兰色、洋红色或粉色。花朵会比叶子早一些冒出地面，因而俗称裸女。

科	秋水仙科（Colchicaceae）
高度	7~15 厘米
花期	秋季
耐寒性	耐寒区 5
位置	半阴或全日照

哪里种

草原藏红花可以种在有斑点树荫的林地花园边缘，也可以种在树下的升高植床中或草地里，草原藏红花需要排水良好的土壤，是适应性很强的植物。

如何种

草原藏红花的球茎会在夏末出售，买来后就尽快种下去，它们会在几周或更短的时间内就开花。

栽种秘笈

要注意与草原藏红花种在一起的植物类型，因为草原藏红花的叶片要比花大得多，而且会一直保留到来年春末。这些叶子会闷死娇柔的春花，比如欧报春（*Primula vulgaris*）和栎木银莲花（*Anemone nemorosa*）。

知名的品种和变种

- 秋水仙（*C. autumnale*）是真正的草原藏红花，是西欧的草甸植物，在花园中也生长得很好。
- 华美秋水仙（*C. speciosum*）的花朵较大，有很多种类，比如深粉色的"深红"华美秋水仙（*C.s.* 'Atrorubens'）和"白花"华美秋水仙（*C.s.* 'Album'）。
- "红粉黎明"秋水仙（*C.* 'Rosy Dawn'）的花朵呈紫粉色，花心为白色。
- "睡莲"秋水仙（*C.* 'Waterily'）是一种特殊的类型，是两朵花构成的细窄的花瓣簇，新奇胜过美丽。
- 蛇纹秋水仙（*C. agrippinum*）和奇里乞亚秋水仙（*C. cilicicum*）是众多秋水仙中花瓣上带有迷人纹路图案的品种。
- 草原藏红花最常见的颜色是粉色，通常在秋季开花，不过也有春季开花的品种，比如黄花秋水仙（*C. luteum*），黄色的花朵和叶子会一起出现。

华美秋水仙（*Colchicum speciosum*）

秋水仙具有毒性，药物秋水仙碱最初是用来治疗多种疾病的。最早的记录出现在公元1世纪，用于治疗痛风。

铃兰

Convallaria majalis，也叫山谷百合、五月铃、五月百合

铃兰有着娇小的白色钟状花，悬挂在宽阔叶子上方纤细微拱的茎上。铃兰气味香甜，加上极易成活，是许多人最为喜爱的春花。

哪里种

铃兰是传统的村舍花园的花朵，只要不是太干或太湿，很多条件下都能生长得很好。在半阴环境、落叶乔木或灌木下都能旺盛生长。

如何种

铃兰是从细小的块茎上长出来的，通常春季会带着花盆销售，此时已经长出叶子，这是购买的好时机，之后可以栽种在自家的花园里。

栽种秘笈

铃兰会逐渐蔓延开来，形成密集的簇，晚春时可以分散开来。如果铃兰不开花，一般都是因为需要分株，来为植物释放出更多的空间。

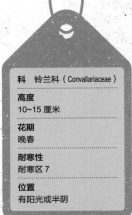

科	铃兰科（Convallariaceae）
高度	10~15 厘米
花期	晚春
耐寒性	耐寒区 7
位置	有阳光或半阴

在法国和德国，铃兰是五一国际劳动节的象征，称作五月铃兰（*Muguet de mai*）或五月花（*Maiblume*）。

密花紫堇

Corydalis solida，也叫春紫堇、矮树丛中的鸟

密花紫堇由鹅卵石般小而圆的块茎长成，有着小巧玲珑的、像蕨类一般的、贴近地面生长的蓝绿色叶片，在春季，衬托着从粉红色到红色的短穗形管状花朵。

哪里种

密花紫堇在春季需要大量的光照，但到了夏季又不喜欢太热，因此最适合种在落叶乔木下，或者栽种在半阴的升高植床或岩石花园中。

如何种

秋季将密花紫堇种在排水良好但保水性较好的土壤中。可以分散地种在林地花境中。随着时间的推移，自我播种的幼苗会逐渐填满空隙。

栽种秘笈

密花紫堇是低地植物，与银莲花和蓝瑰花等小小的一年生春花混种在一起时看起来最美。

科	罂粟科（Papaveraceae）
高度	5~10 厘米
花期	春季
耐寒性	耐寒区 5
位置	半阴

北半球可以找到超过 400 种的紫堇，不过绝大多数都来自中国，包括迷人的、开着蓝色花朵的穆坪紫堇（*C. flexuosa*）。

49

专题 3：种出一张银莲花毯

　　春季众多的美景之一就是林地表面覆盖着的银莲花。你可以用希腊银莲花打造这种美景——不必非得种在林地上。希腊银莲花只有几厘米高，非常适合与其他开花较早的球根花卉一起覆盖土地表面。

　　希腊银莲花是从小小的、黑色或深褐色的、疙疙瘩瘩的块茎上长成的，会与春季开花的球根一同售卖。购买时它的块茎又硬又干，回家栽种前，先用温水浸泡几个小时，让它们吸收水分。希腊银莲花可以种在落叶乔木下、灌木下或者夏季多年生植物的花境中。选好栽种的地方后，清除掉约 5 厘米厚的土，再把块茎放置在土地上，用土盖好并稍稍压实，浇一些水，之后靠雨水来保持土壤的湿度就可以了。希腊银莲花会在冬季开始生长，早春时开花。开出的花看起来很像大的雏菊，颜色有蓝色、紫色或白色之分。其中最受欢迎的希腊银莲花变种是"白色辉煌"。

　　尽管刚开始你可能只是在灌木下或花境里种了一小片，可银莲花会慢慢散播开来，忽然有一天，你就拥有了属于你的那张银莲花毯。

1　希腊银莲花干燥的块茎是坚硬多节的，栽种前需用水浸泡几个小时。

2　清理出一块土地，挖去一些土，形成一个宽阔的、约 5 厘米深的坑。

3　将块茎均匀地摆放在坑底。

4　将挖开的土推回去盖住块茎，略微压实后再浇水。

5　到了春季，希腊银莲花会开花，随着时间的推移，它们会自己逐渐蔓延开来。

鲍氏文殊兰

Crinum×powellii，也叫湿地百合、鲍氏百合

　　宽阔的带状叶片围绕着百合状的喇叭形花朵，赋予了这种鳞茎花卉异域情调的外观，非常适合栽种在亚热带的花园中。夏末时分，粉色或白色的花朵会在大鳞茎顶端无叶的茎上露出头来。

哪里种

　　将该鳞茎种在肥沃的、富含腐殖质的土壤中，选择光线好、有遮蔽物的位置，比如沿着可以晒到阳光的墙种植或者种在庭院花园中。在霜冻频繁的地区，可以放在温室或暖房里。

如何种

　　栽种鲍氏文殊兰的鳞茎时，要将顶端露出土面。鲍氏文殊兰的叶片是半常绿的，在无霜冻的花园中可以持续全年，不过它的主要生长期为夏季，此时应该保证充足的水分。

栽种秘笈

　　如果霜冻频繁，可以将鲍氏文殊兰种在大花盆中，这样能够在冬季避开霜冻期。每年春季要更换新鲜的土，因为鲍氏文殊兰是怕饿的植物，需要较多的养分。

科	石蒜科
高度	50~150 厘米
花期	夏末
耐寒性	耐寒区 4
位置	阳光充足且有遮蔽物

文殊兰有 100 多个种类，大部分都不耐寒，然而鲍氏文殊兰属于花园中的杂交植物，茁壮且相对耐寒。

雄黄兰
*Crocosmia*①

雄黄兰的叶片为剑状，呈翠绿色，夏季会开出亮丽的红色、橙色或黄色花朵。有许多不同的命名品种，有些会在初夏开花，有些则会晚一些。

科	鸢尾科（Iridaceae）
高度	30~100 厘米
花期	夏季
耐寒性	耐寒区 4
位置	全日照

哪里种

这种南非的植物需要充足的光照，阳光明媚的花境是至关重要的。可以与夏季多年生植物种在一起，或者与观赏草混种，比如发草（*Deschampsia*）和蓝沼草（*Molinia*）。

如何种

秋季时将干燥的球茎埋在不会太湿的土壤里过冬。雄黄兰会在春季时长出叶片。初夏时可以买到在花盆中栽种好的雄黄兰，回家后可直接移植到花园中。

栽种秘笈

雄黄兰的球茎相对便宜，加之种植失败率很高，尤其当土壤寒冷潮湿时，因此可以多买一些。价格较贵的带容器栽种好的雄黄兰，有时候在花园里比较容易成活。

---

① 雄黄兰属最初的写法为 *Montbretia*，现在改为 *Crocosmia*，因此原名为 *Montbretia × crocosmiiflora*，现更名为 *Crocosmia × crocosmiiflora*，后边种加词 *crocosmiiflora* 的意思是"花像雄黄兰的"。——译者注

雄黄兰侵略性很强，尤其是在霜冻极少的沿海地区，不过大多数园艺品种都表现良好。

番红花

Crocus

番红花是人们熟悉的春季使者，很多花园里都有它们五颜六色的身影。高脚杯形的花朵出现在贴近地面的位置，通常预示着冬季的结束，不过也有很多同样漂亮的秋季番红花品种。

哪里种

任何阳光充足的地方都适合栽种番红花，不过与其他的早春球根植物搭配种植在草地里或分散在整个花境中，或者在墙根处及露台的花盆里时最好看（详见《专题4：做一盆球根"千层面"》，第58页）。

如何种

任何排水良好的土壤都适合栽种番红花。夏末时种下秋季品种的番红花球茎，很快就能开花，叶片随后长出。春季开花的品种可以在秋季随时栽种。

栽种秘笈

在草坪上掀起草皮，种下番红花球茎后再小心地把草皮盖回去，番红花能很轻易地从草中钻出来。

科	鸢尾科
高度	8~12 厘米
花期	春季或秋季
耐寒性	耐寒区 6
位置	阳光充足且开阔

番红花喜欢被栽种得相对较深，通常深度需要超过其自身球茎的 3 倍左右。如果栽种得不够深，它们会收缩根系，将球茎下拉至适当的深度。

华丽番红花
（*Crocus speciosus*）

金黄番红花

(*Crocus chrysanthus*)

知名的品种和变种

- 渐变番红花（*C. tommasinianus*），有时也叫它小汤米
  （little Tommies），是最早的春季开花品种。一旦稳定后，
  亮紫色的花朵会铺满花境，在早春的阳光下盛放。
- 紧随其后的是金黄番红花（*C. chrysanthus*）与双花番红花
  （*C. biflorus*）的各种确定的变型[1]，比如双花番红花中的
  "蓝珍珠"（Blue Pearl）以及金黄番红花中的"奶油美人"
  （Cream Beauty）。晚春时分，最大最强壮的荷兰杂交番
  红花会开出色彩浓艳的杯状花朵。
- 华丽番红花是最常见的秋季品种，花朵呈淡紫色，带有复
  杂的脉纹，还有一种纯白的，叫作"白色"华丽番红花
  （*C.s.* 'Albus'）。
- 裸花番红花（*C. nudiflorus*）和多芽番红花（*C. goulimyi*）
  也很漂亮，是比较少见的秋季品种。
- 番红花（*C. sativus*）紫色花朵的中心有着深橙色的花柱。
  采下来的花柱成了昂贵的香料。番红花曾经在整个地中海
  地区和西亚广泛培育，英国也有种植。

---

① 变型是指植物体表现出的微小的变异，一般多指花色。——译者注

仙客来

Cyclamen，也叫篝火花

　　长着复杂图案的仙客来叶片可以笼盖地面，栽种仙客来，光是这个理由就足够了。花朵呈粉红色、洋红色或白色，花瓣后弯，长在叶片上方短小微拱的茎上。

哪里种

　　仙客来可以栽种在很多地方，比如花境的前侧、草地中或升高植床里。它们需要排水良好的环境，因此可以试着把它们种在混合花境中落叶乔木和灌木的下面。

如何种

　　将仙客来圆圆的块茎浅埋，千万不要埋得太深。休眠的仙客来块茎不喜欢太干，因此购买按照鲜花出售的正在生长的仙客来，通常移植的成功率更高。

栽种秘笈

　　种子长在大大的、圆圆的种荚里，是蚂蚁们的最爱。就让蚂蚁在你的花园中派发种子吧，短短几年，可能就会冒出几百株的仙客来。

科　报春花科（Primulaceae）
高度 5~20 厘米
花期 一年四季
耐寒性 耐寒区 3~5
位置 有阳光或半阴

常春藤叶仙客来
（ Cyclamen hederifolium ）

仙客来属和报春花属为同一科，如果你向下推压仙客来后弯的花瓣，它们会变得和报春花一模一样。

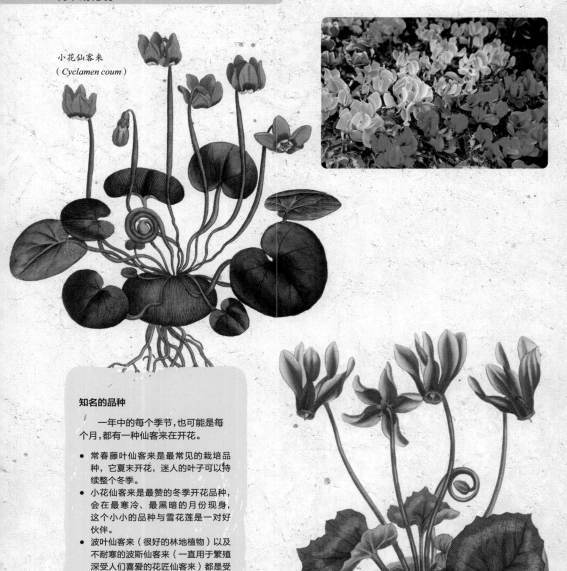

小花仙客来
（*Cyclamen coum*）

知名的品种

一年中的每个季节，也可能是每个月，都有一种仙客来在开花。

- 常春藤叶仙客来是最常见的栽培品种，它夏末开花，迷人的叶子可以持续整个冬季。
- 小花仙客来是最赞的冬季开花品种，会在最寒冷、最黑暗的月份现身，这个小小的品种与雪花莲是一对好伙伴。
- 波叶仙客来（很好的林地植物）以及不耐寒的波斯仙客来（一直用于繁殖深受人们喜爱的花匠仙客来）都是受欢迎的春季开花品种。
- 原产于欧洲高山的紫花仙客来（*C. purpurascens*）有时会作为欧洲仙客来（*C. europaeum*）售卖，会在夏季开花，主要是狂热的爱好者在种植，要与夏季开花的植物激烈竞争才能在花园中求得一席之地。

波叶仙客来（*Cyclamen repandum*）

专题4：做一盆球根"千层面"

把一盆球根和一道意大利菜联系在一起，可能会感觉怪怪的，不过这个专题所涉及的"层"就像千层面一样——只不过不是用面食而是用球根。这个想法源于不同的球根要么是一起开花，成为很棒的春季花卉展示；要么相继开放，一种花开时另一种开始凋谢。

你需要一个大花盆或者半个酒桶、一些混合土（详见"在容器中栽种球根"，第20页）和挑选好的球根。一种比较好的搭配方式是让番红花最先开放，然后是一些比较小的水仙，比如围裙水仙，接着是郁金香。

用排水良好、壤土为主的混合土，填满约花盆的2/3处。大球根需要埋得深一些，因此应最先栽种。所以，将郁金香鳞茎作为最底层，朝向花盆中心处，在上面覆盖混合土。接着种一层水仙，种在郁金香鳞茎的上面，但不要种在底层鳞茎的正上方。最上面一层是番红花的球茎，种在靠近花盆的边缘处，这样开花时不会被其他球根植物的叶子挡住。

用剩下的混合土填满花盆至边沿处，用水浇透。下一次浇水，要等土壤干一点后再浇。等长出叶子后，浇水就可以比较频繁了。等到春季，连续好几个星期你都会有非常漂亮的花可以欣赏了。

其他可以按照这种方法栽种的球根植物有葡萄风信子、小一些的贝母、蓝瑰花，比如伏尔加蓝瑰花（*Scilla siberica*）、风信子、春星韭（*Ipheion uniflorum*）或鸢尾（*Iris reticulata*）。

1 精选出搭配在一起好看的或者开花时间稍稍错开一点的球根花卉：这里选择的是郁金香（上）、番红花（右）和水仙（左）。

2 先种郁金香，大约种在花盆的下1/3处。

3 这里演示的是3层鳞茎的种法。郁金香鳞茎在最下面，然后是水仙，最顶层是番红花。看一看球根摆放的方式，不要让它们位于彼此的正上方。

4 一旦所有的鳞茎和球茎都种好后，在上面多覆盖一些混合土，只需要略微低于花盆边缘，然后用水浇透。

5 到了春季，你就有了一盆很棒的花，相继错落地开放着。番红花败了，还有水仙和郁金香依然坚挺地绽放着。

爆竹百合

Dichelostemma ida-maia

这种来自美国加州和俄勒冈州的独特球茎，高高的茎上悬吊着密集的伞状花序，窄管状的花朵呈深红色，末端为浅绿色。在野外，这些花是通过蜂鸟来授粉的。

科	天门冬科
高度	50~100 厘米
花期	春季
耐寒性	耐寒区 4
位置	阳光充足且有遮蔽物

哪里种

爆竹百合可以种在城市、庭院或带围栏的海岸花园中。在鲜有霜冻的地区，可以试着种在砾石花园、升高植床或岩石花园中。

如何种

秋季在排水良好的土壤里种下小球茎。花茎会从露头的夏季多年生植物、观赏草或矮灌木（如半月花属植物）中钻出来。

栽种秘笈

高高的花茎吹风后可能会倒伏，因此，春季时可将爆竹百合与能起到一定支撑作用的植物种到一起。

这种植物据说是为了纪念驿站马车车夫的女儿艾达梅（Ida May），是她将该植物指给早期研究该地区的一位植物学家看的。

天使钓竿

Dierama，也叫三色魔杖花、钓钟柳

天使钓竿纤细结实的花茎从窄直的、鸢尾状的叶子中高高拱起。美丽的钟罩形花朵有粉色、紫色、紫蓝色或红色，沿着花茎向外伸展，优雅地下垂并随着微风摇曳。

科	鸢尾科
高度	60~150 厘米
花期	夏季
耐寒性	耐寒区 4
位置	阳光充足且有遮蔽物

艳丽天使钓竿（*Dierama pulcherrimum*）

哪里种

可以将天使钓竿种在砾石花园或花境中。这种植物需要夏季的温暖和潮湿，但它的球茎不喜欢在湿漉漉的土壤中越冬。

如何种

可以在春季种下球茎，不过由于其大部分为半常绿品种，你更有可能买到的是带盆栽好的天使钓竿，回家可以直接种在你的花园中。该植物十分讨厌受到干扰，移植后可能两三年都不会开花。

栽种秘笈

天使钓竿可以形成相当浓密的树丛，但如果是与其他植物挤在一起，就会长不好，应给它足够的空间并最大限度地让它们接受光照。

大部分的天使钓竿都来自南非的夏季降水地区，该地区是花园中夏季开花球根植物的主要来源地。

61

龙木芋

Dracunculus vulgaris，也叫龙舌、龙百合

龙木芋植株高大，花茎斑驳，叶片宽阔，引人注目的紫色佛焰苞围绕着深紫色至黑色的中央肉穗花序。它不是什么貌美的植物，但是迷人又怪异，绝对是花园中的讨论热点。

哪里种

这种多年生块茎植物适合种在花园中的落叶乔木下，最低气温不低于 −5℃。种在花境中或林地空地上，使用富含腐殖质但不会积水的土壤。

如何种

大的块茎需要埋得深一些，通常约为向下 15 厘米，秋季或早春时栽种。种在适合的地方，龙木芋几乎不需要任何看护，不过它的花朵有难闻的气味，最好不要种在窗边。

栽种秘笈

龙木芋开花时，巨大的花序会压弯花茎，最好用结实的棍子或竹竿支撑，使其保持直立状态。

科	天南星科
高度	100~150 厘米
花期	晚春
耐寒性	耐寒区 4
位置	有阳光或半阴

龙木芋的花朵依靠苍蝇授粉，会通过佛焰苞释放出恶臭来吸引苍蝇，闻上去很像腐肉。

冬菟葵

Eranthis hyemalis，也叫冬乌头

冬菟葵是冬季花园中非常珍贵的花。小而圆的亮黄色杯状花朵长在短茎上，稍稍高于全裂的叶片。这些可爱的小花点缀在花境中时，能够在寒冷、灰蒙蒙的日子里提振人们的精神。

科	毛茛科
高度	5~10 厘米
花期	冬季
耐寒性	耐寒区 6
位置	有阳光或半阴

哪里种

这些多年生块茎需要充分利用全年中白昼最短时期里的光线，因此需要把它们种在开放的花境中或者树枝光秃秃的落叶乔木和灌木下。冬菟葵最喜欢碱性土壤，不过在大多数的条件下都能生长。

如何种

秋季，在富含腐殖质、排水良好且夏季不会完全干透的土壤里种下小小的、疙疙瘩瘩的块茎。随意凑成堆即可，随后它们会在周围自播，逐渐形成小小的领地。

栽种秘笈

冬菟葵是雪花莲、鸢尾、早开的番红花以及小花仙客来的理想伙伴，生存环境和需求相仿，可以共同编织出一张冬日球根花卉的花毯。

菟葵属有 9 个品种，其中冬菟葵是目前为止最好养护的。野生的冬菟葵出现在欧洲，之后经过移植来到了英国。

狐尾百合

Eremurus，也叫独尾草、荒漠蜡烛

谁能抵挡狐尾百合高大挥舞的魔杖，还有耸立于其他植物之上，在无叶花茎顶端那些色彩鲜艳，又长又密的花朵呢？不过这一切需要适当的环境，否则你的快乐将会是短暂的。

哪里种

狐尾百合需要阳光充足且排水良好的土壤才能存活。可以种在干燥花园或砾石花园中，不要和其他植物挤在一起。它们细窄的叶子会贴地而生，不喜欢有遮挡。

如何种

长长的肉质根系，从中央的生长点向四周延伸，看起来很像海星。这些根系很脆弱，初春栽种时拿取需十分小心，顶部浅浅地埋于土下即可。

栽种秘笈

要改善根系周围的排水性，可先将顶部放在由沙砾组成的沙堆上，然后再盖上土。出芽前先用竹竿或藤条做个标记，这样在附近栽种植物时就不会损伤到它们了。

科	日光兰科（Asphodelaceae）
高度	100~250 厘米
花期	初夏
耐寒性	耐寒区 6
位置	阳光充足且排水良好

美丽狐尾百合，也叫美丽独尾草（*Eremurus spectabilis*）

狐尾百合生长在亚洲西部和中部干燥、多岩石、开阔的田野中，那里的冬季非常寒冷，夏季则漫长而干燥。

狗牙堇

Erythronium，也叫猪牙花、鳟鱼百合、冰川百合

春季球根之中那些最优美典雅的类型都出自猪牙花属。悬垂的花朵上花瓣微拱，开花时会向后拢起，叶片有纯绿色的，也有带斑点或花纹的。

科	百合科
高度	10~30 厘米
花期	春季
耐寒性	耐寒区 5
位置	凉爽且半阴

哪里种

狗牙堇需要种在开放的林地环境中，它们会趁树叶遮住阳光之前开花。可以将狗牙堇栽种在凉爽且半阴的环境中或者种在落叶乔木下，使用富含腐殖质但不会积水的土壤（详见《专题 6：在阴地花境里栽种球根》，第 78 页）。

如何种

秋季买到鳞茎后要立即栽种，因为在这个时节里很容易变干。鳞茎种下后需要花一些时间才能稳固下来，不过最后能长得相当大，到时候就可以分离并种在整个花境中了。

栽种秘笈

长而细的鳞茎最适合垂直栽种，将最尖的末端朝上。坑应挖得足够深以容纳鳞茎，上面至少要覆盖 10 厘米厚的土。

狗牙堇这个名字源于其鳞茎的形态，看起来和犬科动物的牙齿一样。

欧洲狗牙堇
（*Erythronium dens-canis*）

知名的品种和变种

- 欧洲狗牙堇是最小的品种之一，只有 10 厘米高，不过它有着漂亮的粉色、紫色的花朵和迷人的带有斑点的叶片。可以种在树下薄薄的草地中。
- 大部分品种和变种都来自北美洲，比如乳白色的加州猪牙花（*E. californicum*）以及漂亮茂盛的"白美人"加州猪牙花（*E.c.* 'White Beauty'）。
- 金黄猪牙花（*E. tuolumnense*）是另一个加州的品种，金黄色的花朵，纯绿色的叶片。更加漂亮的是该品种和加州猪牙花的杂交变种，叫作"宝塔"猪牙花（*E.* 'Pagoda'）。这是最易栽培的变种之一，每根花茎上有 4 个或更多的硫黄色花朵，可以长至 30 厘米高。
- 紫斑猪牙花（*E. hendersonii*）有着淡紫色的花朵，卷瓣猪牙花（*E. revolutum*）有深浅不同的粉色花朵。这两种都是漂亮的鳞茎花卉，会通过种子撒播开来。

紫斑猪牙花（*Erythronium hendersonii*）

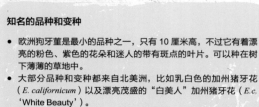

凤梨百合

Eucomis，也叫菠萝花

凤梨百合是造型奇异、多叶的植物，从小巧紧凑的品种到巨大夸张的类型不一而足，不过它们都有着长长的总状花序，其中紧紧地塞着许多小而美的花，顶部有一簇多叶的苞片。其中一些变种有着迷人的紫色叶片，比如"闪耀的勃艮第"凤梨百合（*E. comosa* 'Sparkling Burgundy'）。

哪里种

可以将凤梨百合种在花园中阳光充足的草本植物的花境中，最低气温不要低于 -5℃，使用富含腐殖质但排水良好的土壤。凤梨百合也非常适合盆栽，尤其是小一些的品种，夏季可以挪到室外，冬季则可以搬到屋里躲避严寒。

如何种

初春时节种下鳞茎，开始生长后一定注意不要干透。比起霜冻，过度的冬湿更可能会要了凤梨百合的命，不过气温低于 -10℃时仍需避寒。

栽种秘笈

栽种凤梨百合的鳞茎时，要提前想着叶片可能会长到多大。有些特别大的品种彼此之间至少需要空出 30 厘米的距离，最好种在花境的后侧。

科　天门冬科
高度 30~150 厘米
花期 夏季
耐寒性 耐寒区 4
位置 阳光充足且有遮蔽物

双色凤梨百合
（*Eucomis bicolor*）

凤梨百合是有气味的，不过它们是通过苍蝇来授粉的，难闻的气味很招苍蝇喜欢，人还是算了吧。

贝母
Fritillaria

贝母属中有各式各样漂亮的春季鳞茎，从娇俏的蛇头贝母到高贵的皇冠贝母（*F. imperialis*）。贝母的钟状花朵面向下方，有些花朵里面带有精妙的图案。贝母中有不少容易种植的品种。

哪里种

大部分的园艺贝母都非常适合种在半阴的花境中、落叶乔木下或者阳地花境中。蛇头贝母可以种在潮湿的、土壤一定不会完全干透的草坪中（详见《专题 5：栽种一大丛蛇头贝母》，第 70 页）。

如何种

秋季时将鳞茎种在具有保水性但排水良好的土壤中。个头较小的品种很容易被其他植物淹没，稍高一些的品种则可以长过它们，比如皇冠贝母。

栽种秘笈

除了蛇头贝母，其他个头较小的品种都非常适合盆栽。种在花盆里更容易亲近，也更方便欣赏花朵里面精致细腻的图案。

科	百合科
高度	10~150 厘米
花期	春季
耐寒性	耐寒区 5
位置	有阳光或斑点树荫

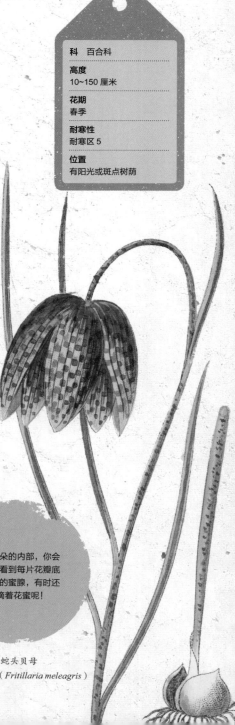

观察花朵的内部，你会清楚地看到每片花瓣底部明显的蜜腺，有时还正滴着花蜜呢！

蛇头贝母
（*Fritillaria meleagris*）

希腊贝母
（*Fritillaria graeca*）

知名的品种和变种

　　贝母有 100 多种，选择很多，但不是所有种在花园中的贝母都能经受住雨水的考验。 以下几种你可以试着种种看：

- 希腊贝母（*F. graeca*，棕绿色，花朵上带有精致的图案）和米奇拉维基贝母（*F. michailovskyi*，花朵呈深紫色，尖端为黄色）都是贝母中较小的品种。两者都很适合盆栽，夏季需保持干燥。
- 皇冠贝母是贝母中最高最壮实的品种。由大个的鳞茎中生长出来，有些狐臭味，可以长至 1 米多高，在花茎顶部爆出一簇钟状花，颜色为橘色或黄色。
- 蛇头贝母最适合种在草地中，开出的花呈白色或紫色，带有漂亮的方格图案。
- 伊贝母（*F. pallidiflora*）可以长至 40 厘米高。适合生长在树荫下，花朵大，平肩，呈浅绿色。
- 波斯贝母（*F. persica*），又一个高的品种，悬垂的吊钟形花朵呈塔状排列。其中"阿德亚曼"波斯贝母（*F.p.* 'Adiyaman'）花色浓重，呈天鹅绒般的紫色，"象牙钟"波斯贝母（*F.p.* 'Ivory Bells'）则呈浅绿色。

专题 5：栽种一大丛蛇头贝母

蛇头贝母是一种优雅的春季鳞茎，花朵面朝下，长在 20~30 厘米高的纤细花茎上。这个尺寸最适合种在草地里，绿色的草地中开出这样一丛典雅的花，会透出一丝不经意的美。这些花有紫色的、带着方格浅痕的，也有白色的。

这种鳞茎最适合种在全年都能保持水分的土壤中，因此，你需要找到花园中潮湿但不会积水的一角。这一角可以是树下半阴的角落，也可以是绝不会干透的一条浅沟或一块洼地。

你还要记住一点，将这种鳞茎种在草地中意味着不能修剪草坪，要一直等到夏季贝母凋谢才行。如果你有一块地满足这些条件，同时你也不介意草皮疯长，那么就可以轻松地种出一大丛漂亮的贝母了。

在草地里种植小鳞茎最简便的方式就是掀起一小块草皮，把鳞茎放在下面的土壤上，再把草皮盖回去。用半月形修边剪（如果有的话）或者铁锨，切开正方形草皮的 3 条边。卷起草皮，露出下面的土，轻轻地把一把地，再把鳞茎放上去，然后小心地将草皮铺回来，盖在鳞茎上。如果你有很多鳞茎要种，可以割开相邻的多块草皮。一旦鳞茎开始生长，它们会轻易地钻出草皮并在仲春开花。

1 要小心地拿取蛇头贝母的小鳞茎，它们很容易受到损伤。

2 用铁锹或半月形修边剪将草皮切出一个正方形，将正方形草皮的三边卷起。

3 将小鳞茎放在露出的土壤上。

4 小心地将草皮盖回去，轻轻拍打，固定上面的草。如果你还有鳞茎要种，可以在旁边再切开一块方形草皮，打造出一片更大的花田。

5 到了春季，蛇头贝母会开花。紫色和白色的花朵交织在一起，看上去很有艺术效果。

雪花莲

Galanthus，也叫牛奶花、圣烛节钟花

　　雪花莲是花园中最能代表春季到来的花朵。娇小、洁白的下垂花朵，看上去柔美而纤弱，不过它们可是非常坚强的植物，承受得住酷寒冬日的考验。

哪里种

　　雪花莲能够在绝大部分地方生长，就是夏季不能太热太干。它们最适合全年都略微潮湿的土壤和些许凉爽的夏荫。由于雪花莲是从草地中自然化而来的，因此种在落叶乔木下最为理想。

如何种

　　可以在秋季时购买鳞茎，买来后最好直接栽种，以免变干。以丛或小簇的方式栽种，雪花莲会随着时间自然地增加数量。如果开花时节花朵忽多忽少，说明是时候分离花丛，将植株分散开来了。

栽种秘笈

　　鳞茎如果在休眠时一直太干是会死掉的。为了避免这种状况，雪花莲通常都会趁"绿"售卖，即挖出时还处在生长期，这样就可以在早春时直接种下去。

科	石蒜科
高度	10~20 厘米
花期	冬季
耐寒性	耐寒区 6
位置	凉爽且半阴

知名的品种和变种

- 雪花莲（*G. nivalis*）易栽种好养活，是很好上手的植物。
- 大花雪花莲（*G. elwesii*）是又一种易栽培的品种，不过要比雪花莲高些，叶子呈灰绿色。
- 高加索雪花莲（*G. woronowii*）的叶片闪亮鲜绿，花朵娇小俏丽，来自高加索，相较于其他品种，需要稍微潮湿一些的环境。
- "艾氏"雪花莲（*G.* 'Atkinsii'）、"吸铁石"雪花莲（*G.* 'Magnet'）和"阿诺特"雪花莲（*G.* 'S.Arnott'）均属于优良的变种。
- "重瓣"雪花莲叫作 *G. nivalis* 'Flore Pleno'，此外还有很多其他名为重瓣的品种和变种。

大花雪花莲
（ *Galanthus elwesii* ）

痴迷雪花莲的人被称作
"狂热的雪花莲收集者"。
他们会在冬季举办雪花莲
派对，炫耀自己栽种的各
色雪花莲。

花朵的变种

　　雪花莲花朵的基本外观是
由外部的 3 片花瓣和内部的 3
片花瓣组成。在内部的花瓣上
（有时在外部的花瓣上）会有
绿色的斑纹。这些斑纹差别巨
大，与叶片、花朵大小、花茎
长短以及开花时间的不同结合
在一起，产生了数百个不同名
称的品种。

唐菖蒲

Gladiolus，也叫剑兰

硕大、显眼的唐菖蒲栽培品种是很棒的夏花，却不太耐寒。只有少数几个品种可以在户外越冬，比如洋红色的拜占庭唐菖蒲和浅黄色的灰白唐菖蒲（*G. tristis*）。

哪里种

即便是最皮实的唐菖蒲也需要躲避严寒的霜冻，因此最好种在阳光充足且有遮蔽物的花境中，靠墙种或种在城市园林中。要想观赏一整年，可以将球茎种在花境中或切花花园里（详见《专题 8：为切花开辟一小块土地》，第 94 页）。

如何种

大部分的唐菖蒲球茎都可以在春季种植，之后会在花园中任何阳光充足的地方开花。到了秋季，把球茎挖出来，存放在没有霜冻的地方越冬。耐霜冻的品种可以在秋季种下。

栽种秘笈

唐菖蒲剑状的叶子组合在一起犹如扇子，为花境带来引人注目的装饰效果，不过叶片会在夏末枯萎，因此你需要一些别的植物来填补这片区域，或者把枯死的叶片藏起来不让人看到。

科	鸢尾科
高度	100~150 厘米
花期	夏季
耐寒性	耐寒区 3~6
位置	阳光充足且有遮蔽物

花脸唐菖蒲
（*Gladiolus papilio*）

唐菖蒲的西文名也写作 *xiphium*，源于希腊文 *xiphios*，是"剑"的意思，*Gladiolus* 是拉丁语，指的是"短剑"，两者都旨在形容唐菖蒲剑一般的叶片。

红旗百合

Hesperantha coccinea，也叫红花裂柱莲（*Schizostylis coccinea*）

这种夏末开花的多年生根状茎植物，花色从粉红色到深红色，花形为敞口杯状，能持续整个秋季，为花园带来最后一波色彩助力。红旗百合中的"少校"（Major），花朵呈深洋红色，黄昏时分看上去仿佛在闪闪发光。

科	鸢尾科
高度	50~75 厘米
花期	夏末至秋季
耐寒性	耐寒区 4
位置	全日照

哪里种

红旗百合很适合种在阳地花境里，栽在没有酷寒的花园中。可以栽种于草本或混合花境中，可以耐受大部分的土壤类型，只要不积水就可以。

如何种

红旗百合是半常绿多年生植物，通常购买到的都是栽种在花盆里的，待春季或初夏时地栽。生长期的红旗百合需要大量水分。

栽种秘笈

这种强健的植物，窄窄的叶片会长成浓密的一大丛。春季把它们分离，分散地种在自家的花园中，或者送一些给朋友。

与其他品种的鸢尾属植物不同，该种类是由根状茎生发，而非球茎，因此它还有另一个名字，叫作红花裂柱莲。

朱顶红

Hippeastrum

这些巨大的南美鳞茎会在粗壮结实的花茎顶部开出各种颜色鲜艳、引人注目的喇叭状花朵。给它们温暖和水，朱顶红就会在冬季开花。人们经常会拿朱顶红的鳞茎作为礼物送给朋友。

哪里种

深受人们喜欢的朱顶红，鳞茎都不耐寒，需要放在室内养护（详见《专题2：在花盆中培育不耐寒的球根》，第42页）。可以将朱顶红种在花盆中，放在温暖的地方，一旦开始生长，就挪到光线良好的地方，但不要直射光。

如何种

秋末时种下大鳞茎，土壤上方露出至少一半的鳞茎。浇一点水让它们开始生长。长出叶片后，记住一定不要让土壤干透。

栽种秘笈

要让你的朱顶红鳞茎再次开花，夏末时节它们需要在凉爽、避光且干燥的环境中放置一段时间。到了秋末，它们就可以见光了，也可以再次开始浇水了。

科	石蒜科
高度	50~75 厘米
花期	冬季
耐寒性	耐寒区 2
位置	光线充足且温暖

如今在朱顶红属中的这些植物，之前被归在孤挺花属（*Amaryllis*），孤挺花的俗名由此而来。真正的孤挺花是一个南非的鳞茎品种，叫作南非孤挺花，也叫颠茄百合（详见第33页）。

小风信子

Hyacinthella

小风信子属中的鳞茎很小，几乎不会生长。由可爱的钟形小花组成的矮短的总状花序长在莲座叶丛间。最棒的品种会开出蓝色或紫蓝色的花，比如达尔马提卡小风信子或格拉布雷森斯小风信子（*H. glabrescens*）。

哪里种

各种小风信子都会被淹没在花境中，因此最好种在花盆、冷床或升高植床等可以近距离欣赏的地方。

如何种

秋季将鳞茎地栽或盆栽于排水良好的土壤中。整个冬季和春季都要保持土壤湿润，不过等到夏季小风信子彻底枯萎后要让它干透。

栽种秘笈

如果是种在花盆中，可以在土壤最上面铺一层沙子。这样能防止潮湿的土壤溅在植物上，同时确保叶片不会沾上多余的水。

科	天门冬科
高度	5~10 厘米
花期	春季
耐寒性	耐寒区 6
位置	阳光充足且排水良好

小风信子来自欧洲东南部和土耳其，和受欢迎的风信子（详见第 81 页）有一定的关联。

多脉小风信子
（*Hyacinthella nervosa*）

专题 6：在阴地花境里栽种球根

　　翻看这本书的时候，你会发现许多球根植物都需要充足的光照，但如果你只有阴地花园，千万不要绝望——很多球根都可以在落叶乔木的斑点树荫下活得很好。这类球根通常会在春季生长和开花，在树木长出新叶前，充分利用这期间的光照和水分。

　　耐阴的球根通常被称作林地球根，包括蓝瑰花中的比蒂尼卡蓝瑰花（*Scilla bithynica*）、蓝铃花、一些仙客来和贝母、雪花莲和狗牙堇。狗牙堇是一种典雅的植物，花朵上的花瓣会向后拢起。以上都是真正的林地球根，可以在凉爽、半阴、富含腐殖质的土壤中茁壮成长（详见第65页）。

　　秋季时节种下春季开花的林地球根。找一块凉爽、适宜的阴地，清理掉上面的落叶，将几种不同的球根分散在地上，球根落在哪儿就种在哪儿，坑要挖得够深，大约是球根自身大小的 2~3 倍，要能把整个球根埋在里面。将土重新盖好，轻轻压实。

　　百合会在夏季开花，其中很多都能在半阴环境生长。欧洲百合会在初夏开花，可以长到 1 米多高，超出其他的林地植物，一枝花茎上有数朵花，这种百合通常为粉色或紫色，也有白色的品种。还有一种更高的百合同样适合林地环境，那就是湖北百合，亮橙色的花朵会从仲夏开到夏末，可以长到 2 米高。

　　百合鳞茎通常从秋季就可以买到，一直到早春时节，不过最好趁早栽种，这样离开土地的鳞茎才不会变得太干。可以将百合种成疏松的丛，或者随机分散地种植在其他植物间。

1. 狗牙堇的鳞茎长而细，像犬牙一样。

2. 将狗牙堇的鳞茎种在用铲子挖好的坑里，坑深应至少是鳞茎大小的 2~3 倍。

3. 黄色狗牙堇（比如宝塔猪牙花）和蓝瑰花看上去特别搭。

4. 在林地花境中，小小的欧洲狗牙堇开在黄色的密花紫堇旁，看上去甚美。

5. 百合鳞茎的鳞片较为松散，仅仅在基盘处相连。一旦拿到鳞茎，越快种下去越好，这样它们就算离开土地也不至于干得太厉害。

6. 开橙色花的湖北百合会比其他夏季的多年生植物高出很多。它既能耐受大量光照也能适应斑点树荫。

蓝铃花

Hyacinthoides

树林地面上覆盖着的野生蓝铃花（*H. non-scripta*）看上去令人心旷神怡。深蓝色的管状花朵悬垂在弯成拱形的花茎上。西班牙蓝铃花（*H. hispanica*）的花色较浅，呈浅蓝色，花茎较为直立。

科	天门冬科
高度	
30~40 厘米	
花期	
春季	
耐寒性	
耐寒区 6	
位置	
全日照到半阴	

哪里种

蓝铃花是林地植物，会在树木刚长出叶片时开花。在花园中，它们需要湿润的土壤和斑点树荫。西班牙蓝铃花更能耐受阳光和夏季的干旱。

如何种

初秋时种下球茎，最好一拿到就种下。千万不要挖走野生的植物。把蓝铃花放在一起，种在半阴的角落，它们会不断繁殖。西班牙蓝铃花的长势更好，很快就能蔓延开来。

栽种秘笈

蓝铃花的自然状态看上去很棒，不过它们很快就会占据整个小花园，尤其是西班牙蓝铃花。趁种荚还未开裂时先摘掉，控制好蓝铃花的数量。

野生蓝铃花
（*Hyacinthoides non-scripa*）

英国和西班牙的蓝铃花杂交后产生的植物比双方父母更为强健。这个杂交品种极富侵略性，据说会侵害英国蓝铃花的野生种群。

风信子

Hyacinthus orientalis

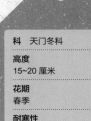

科	天门冬科
高度	15~20 厘米
花期	春季
耐寒性	耐寒区 4
位置	阳光充足且排水良好

风信子醉人的香气和缤纷的色彩，从白色、黄色到糖果粉、蓝色或紫色，可谓是人们心中最受欢迎的春季鳞茎。尽管风信子通常更喜欢室内，不过它们也很享受在花园里的时光。

哪里种

在花园中，把风信子种在排水良好的阳地花境中，或者种在切花地里（详见《专题 8：为切花开辟一小块土地》，第 94 页）。在室内养护的风信子鳞茎，叶子枯萎后就可以拿到户外地栽了，接下来的每年春季它们都会开花。

如何种

种在容器里售卖的风信子通常都会露出鳞茎的顶部，不过，在花园里地栽的时候，它们需要完全埋在土里，上面的土至少为 5 厘米厚。

栽种秘笈

如果你觉得很难在花园里为外观统一又坚挺的风信子找到适合的地方的话，可以试试盆栽。它们和水仙或早开花的郁金香很搭，可以让花盆里满是春季的颜色。

很少会看到种植的野生风信子，这种风信子来自土耳其南部，是现今各色人工培育品种的起源。

春星韭

Ipheion uniflorum，也叫单花雪星韭（*Tristagma uniflorum*）、
花韭春星花

低生植物春星韭的花朵俏丽，呈星星状，花色通常为
蓝色，从柔和的浅蓝色一直到深沉的紫蓝色。还可以留意一
下花色纯白的"阿尔贝托·卡斯蒂略"春星韭（*I.* 'Alberto
Castillo'）以及粉红色的"夏洛特主教"春星韭（*I. uniflorum*
'Charlotte Bishop'）。

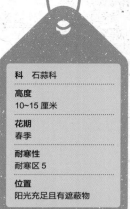

科	石蒜科
高度	10~15 厘米
花期	春季
耐寒性	耐寒区 5
位置	阳光充足且有遮蔽物

哪里种

春星韭是耐寒的，但是晚霜冻害会损伤刚长出的花和叶，
因此，最好种在阳光充足且不受风雨侵袭的地方。春星韭也是
很适合盆栽的鳞茎——星星般的花朵长在细长的叶子正上方。

如何种

秋季时地栽或盆栽春星韭的鳞茎。它们在重质黏土
中很难存活，喜欢湿润但排水良好的土壤。夏季时绝不
能彻底干透。

栽种秘笈

要取得最好的观赏效果，最好将鳞茎种在一起，而
不是零散地种。单个的春星韭看上去似乎微不足道，不
过当把它们种在一起时，则会成为迷人的初春
美景。

春星韭属和葱属、洋
葱关系密切，搓一搓
它们的叶片，你会闻
到明显的洋葱味。

鸢尾

Iris，也叫网脉鸢尾、荷兰鸢尾、早期鳞茎状鸢尾

科	鸢尾科
高度	10~60 厘米
花期	冬季至春季
耐寒性	耐寒区 5
位置	阳光充足且排水良好

　　鸢尾种类繁多但容易辨认，有许多种美妙的颜色。任何花园都能找到一款适合的鸢尾来栽种：最高的鸢尾是由粗壮的根状茎长成，最小的则是从鳞茎长起，在冬末开花。荷兰和西班牙鳞茎状鸢尾的花期则从仲春一直到春末。

哪里种

　　所有的鳞茎状鸢尾都需要光照和排水良好的土壤，其中很多都特别适合种在升高植床或阳地花境中。冬季开花的鸢尾特别适合盆栽，若适时地做好避寒防护，在年初就能早早开花。

如何种

　　鸢尾的鳞茎可以在秋季买到，随后栽种在花园中光线充足、阳光明媚的地方，或者也可以盆栽。矮小的、冬季开花的鸢尾品种，用一些沙子会对它们很有好处，可以让花朵避免接触到潮湿的土壤。

栽种秘笈

　　各个品种的鸢尾栽种时至少需种在 10 厘米深的地方，第二年就有可能接着开花。浅层种植通常会导致鳞茎分裂，第一年之后就光徒长叶片了。

西班牙鸢尾
（ *Iris xiphium* ）

鸢尾是以希腊彩虹女神的名字来命名的，由此来彰显这种美丽植物所开出的色彩缤纷的花朵。

非洲玉米百合

Ixia，也叫谷鸢尾、玉米百合、魔杖花

非洲玉米百合是一种引人注目的植物，有着细窄的叶片和星状花朵组成的穗状花序，通常每朵花的花心处都带有深色的斑点。花色从亮红色、粉色到橙色、黄色或白色，不过最令人惊奇的还数抢眼的松石绿色的绿松石小鸢尾（*I. viridiflora*）。

科	鸢尾科
高度	
30~50 厘米	
花期	
初夏	
耐寒性	
耐寒区 4	
位置	
阳光充足且有遮蔽物	

哪里种

非洲玉米百合需要阳光充足、带遮蔽物的围栏花园，适合种在靠近海岸或在城市中鲜有霜冻出现的地方。它们会在初夏开花，通常适合盆栽，这样有助于躲避冬日的严寒。

如何种

秋季将非洲玉米百合的球茎种在光线充足、有沙质土壤和全日照的地方。生长期要浇足水，不过良好的排水尤为重要，因为非洲玉米百合在休眠期需要尽可能的保持干燥。

栽种秘笈

若把非洲玉米百合的鳞茎种在多沙且以壤土为基底的花盆中，比较有可能养好它。冬季不要让盆栽的非洲玉米百合遭受霜冻，夏季则要让土壤彻底干透。

多穗谷鸢尾
（*Ixia polystachya*）

有些非洲玉米百合是由甲壳虫来授粉的。它们的花心有着深色的斑纹并且没有明显的气味，是典型的通过甲壳虫授粉的花朵。

立金花

Lachenalia

野生的立金花品种不胜枚举，与之相比，一百多个普遍的栽培品种就算是少的了。可以买到的立金花都是美妙的植物，叶片上通常带有斑点或条纹，围绕在由色彩鲜艳的管状花朵组成的直立型穗状花序周围。

哪里种

立金花来自南非，基本上所有的品种都需要避开霜冻，因此需要一个遮蔽性非常好的围栏花园。最好将立金花种在花盆中，这样可以挪入室内避寒，等到春季再搬到户外。盆栽的立金花不要全年置于室内，一直处于温暖的环境下会降低它的开花率。

如何种

秋末时节在排水良好的土壤中种下鳞茎。生长期时要浇足水。一旦进入休眠状态，就要让土壤干透。

栽种秘笈

在花盆中尽可能让鳞茎彼此靠近，但不要紧挨在一起。通常立金花靠在一起时会更好地开花。

科 天门冬科
高度 15~30 厘米
花期 早春
耐寒性 耐寒区 2
位置 阳光充足且有遮蔽物

四色立金花
（*Lachenalia quadricolor*）

Cowslip 这个通用名称（立金花的英文写法为 Cape cowslip）容易让人产生混淆，因为立金花和常见的黄花九轮草（cowslip，学名 *Primula veris*）毫无共同之处。立金花更像风信子，两者都是天门冬科。

专题 7：安排一场华丽的春日球根花卉盛事

只用球根就能打造出一座旖旎的春日花园。如果你有一块空地或者几个空花盆，你可以用色彩填满它们，从冬末一直美到夏初。春季开花的球根数不胜数，你可以只种球根花卉，也可以把球根和春季花坛植物种在一起，比如大花三色堇（*Viola × wittrockiana*）、欧洲报春花（*Primula*，西洋樱草群）以及墙花（*Erysimum*，也叫桂竹香）。

想要伊年初始就能赏花，可以种植番红花和早开花的水仙，比如"头对头"水仙或者"二月金"水仙。接下来紧随其后或者说参与其中的花就是雪光花（*Scilla luciliae*）和蓝瑰花，比如伏尔加蓝瑰花。

仲春的色彩主要来自水仙、郁金香和风信子。皇冠贝母可以很好地和春季花坛植物以及较小的球根搭配在一起。小球根包括葡萄风信子和银莲花。你可以把它们组合在一起，创造出色彩斑斓的景致。要想看看这类种植的最佳范例，不妨去荷兰的库肯霍夫花园（Keukenhof garden）一探究竟。春季仅对外开放几周，这所花园一定会让你折服，令你倾倒，还能带给你许多的灵感和启发。

在花园栽种球根之前，首先要做的就是在秋季翻土及清除杂草，为种植做好准备。然后放置球根，摆成你想要的图案，接着用铁铲逐一为每个球根挖坑。如果你也要花坛植物的话，那么先种花坛植物，再把球根安插在其中。

无论你的球根是地栽还是盆栽，春末时你都需要把它们挖出来，用其他的一些夏季植物来替换。挖出来的球根可以种到别的地方，比如种到花园中一些较为随意的位置上。等到秋季，你就可以使用新的球根，开始设计新一轮的花卉盛事了。

1 初春时荷兰杂交番红花和淑女郁金香（*Tulipa clusiana*，也叫克鲁西郁金香）的花卉展示。

2 这种密集种植的花卉展示来自荷兰的库肯霍夫花园。"白色辉煌"希腊银莲花围绕在郁金香周围。背景处是蓝色的葡萄风信子，成了花坛中混种的重瓣郁金香的镶边植物。

3 仲春时节的姬鹩水仙、"小魔女"水仙（*N.* 'Liittle Witch'）和郁金香的花卉展示，其中郁金香有粉色的"选美皇后"郁金香（*Tulipa* 'Beauty Queen'）和"金阿波罗"郁金香（*T.* 'Golden Apeldoorn'）。

4 将春季球根种在容器中——比如种在这些红陶盆中——也能创造出不输地栽效果的花卉展示。

5 在英国皇家植物园邱园中，花盆中是种在一起的深紫色欧洲报春花和粉色郁金香，看上去十分抢眼。

辉熠花

Leucocoryne

这些美丽的春季鳞茎会长出高高的、非常细的无叶花茎，上面开出由浅平碟状花朵组成的稀松的伞状花序，花朵呈圆形，舒展的花瓣有白色、蓝色或紫色之分，有的花心处为黄色或紫色。

科	石蒜科
高度 30~50 厘米	
花期 春季	
耐寒性 耐寒区 2	
位置 阳光充足且有遮蔽物	

哪里种

辉熠花来自半沙漠或智利的夏季干燥地区，需要种在温暖、阳光充足的位置，很少或完全没有霜冻的环境，以及排水良好的土壤中。辉熠花多见于盆栽，不过地栽露养于城市或避风庭院中也能存活。

纯白色辉熠花
（*Leucocoryne ixioides*）

如何种

将辉熠花的鳞茎种在沙砾或沙土土壤中，冬季时要避免遭受霜冻。花期过后，细窄的叶子会枯萎，此时土壤需保持干燥，一直到秋末。

栽种秘笈

冬季，辉熠花需要尽可能多的光照，因此可以种在花盆中，放在阳光充足的窗台上，或者放在温室里，避免霜冻。

辉熠花的盛放是智利沙漠上的壮丽奇景。春雨过后，沙漠就变成了缤纷色彩的海洋，可以看到这些鳞茎完全是从沙子中长出来的。

雪片莲

Leucojum，也叫洛登百合

夏雪片莲（*L. aestivum*）像是巨大的雪花莲，只是花瓣的大小完全一致，组成了悬垂着的钟形花朵。春雪片莲（*L. vernum*）较为矮小。两者的花瓣都有着绿色或黄色的末端，花期都在春季。

科	石蒜科
高度	20~50 厘米
花期	春季
耐寒性	耐寒区 6
位置	有阳光或半阴

哪里种

雪片莲可以种在有光照的草本植物或混合花境中，土壤既要有一定的保水性又要排水良好，也可以种在落叶乔木和灌木下的斑点树荫中。

如何种

雪片莲是容易土培栽种成活的鳞茎，夏季时不会完全变干，这点非常像雪花莲。夏雪片莲的长势非常强劲，尽管不具侵略性，可还是会形成硕大的、繁茂的叶丛。

栽种秘笈

可以将小一些的春雪片莲种在花境的前侧，把夏雪片莲和较高的植物种在一起。夏雪片莲甚至在溪边也能活得很好，只要土壤湿润不积水就行。

春雪片莲
（*Leucojum vernum*）

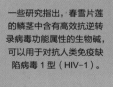

一些研究指出，春雪片莲的鳞茎中含有高效抗逆转录病毒功能属性的生物碱，可以用于对抗人类免疫缺陷病毒 1 型（HIV-1）。

百合

Lilium

百合硕大鲜艳的花朵通常都带有香气，仲夏时节开花，这一切使它稳居花园中最受欢迎鳞茎的行列。盛放的百合，足以与最耀眼的夏季多年生植物一决高下，有些种类可以长出地面 2 米高。

哪里种

百合夏季需要水分，可以和多年生草本植物一起种在阳光充足或半阴的花境中，也可以种在树下，需要富含腐殖质且绝不会积水的土壤。百合也非常适合种在大大的花盆里，放在露台上展示。

如何种

栽种鳞茎前需要准备好土壤，提前埋入腐叶土或花园堆肥，这样做有助于保持水分，同时兼具良好的排水性（详见《专题 6：在阴地花境里栽种球根》，第 78 页）。有些百合，尤其是东方百合，需要酸性土壤，购买前最好确认一下。

栽种秘笈

整个冬季都能买到百合鳞茎，通常百合鳞茎还会与其他夏季鳞茎一并在春季售卖，不过，如果可以，最好在晚秋时栽种百合。这样可以避免离开土壤的百合鳞茎变得过干。

科	百合科
高度	50~200 厘米
花期	夏季
耐寒性	耐寒区 6
位置	阳光充足或半阴

百合在北半球随处可见，种类繁多。它们之间的共同点就是鳞茎都是由仅仅依附于基盘的松散鳞片组成。这点让百合鳞茎非常容易辨认（详见第 79 页）。

欧洲百合
（*Lilium martagon*）

湖北百合（*Lilium henryi*）

知名的品种

- 岷江百合是最为博人眼球的百合品种之一。这种原产于中国的百合润泽闪亮，白色的喇叭形花朵外侧泛着红紫色，喉部呈黄色；这些花朵长在长长的、多叶的花茎上，距离地面1米或更高。

- 带有后弯花瓣的百合通常称作头巾百合，其中包括湖北百合和川百合（*L.davidii*）。两者都具有下垂的橙色花朵，靠近中心处有深色斑点，花药长在长长的花丝顶端。

- 欧洲百合是花园中最易栽培的品种。叶片轮生于茎上，每根花茎上有数个小小的头巾状花朵。颜色从深李子紫到浅紫色以及白色。

- 亚洲百合（*L. Asiatica Hybrida*）易成活，花朵硕大，呈星星状，有许多颜色。有些已经培育出面朝外或向上开花的类型。短茎品种最适合盆栽。

- 喇叭百合很像岷江百合，不过有很多种颜色，从深紫色到黄色、橙色再到红色。这种百合可以在酸性或碱性土壤中存活，种在大的容器中可以长成很棒的植物。

- 东方百合会在临近夏末的时候开花，花朵带有香气。它们最适合酸性土壤环境。花朵可能是喇叭形，也可能是平碟形，或者是大头巾形。

豹子花

Lilium pardanthinum，也写作 *Nomocharis pardanthina*

　　这款中国百合有着漂亮的淡粉色或白色花朵，花瓣上有大量的深粉色斑点，边缘带有褶皱。最初因为足够特别自成一"属"（豹子花属），现在归入了百合属，不过售卖时通常还会沿用旧名。开瓣百合（*Lilium apertum*），也叫开瓣豹子花（*Nomocharis aperta*）与之相似，不过花色呈深粉色。

哪里种

　　豹子花需要种在凉爽且半阴的花园中，酸性土壤，夏季需要大量水分。豹子花最好种在树下或建筑物的部分阴影下，不太适合盆栽。

如何种

　　晚秋至初春期间种下豹子花的小鳞茎，使用富含腐殖质、潮湿但不积水且夏季不会变干的土壤。

栽种秘笈

　　如果你能养活杜鹃花或其他喜酸的林地植物，那么豹子花应该就能在你的花园中长得不错。

科	百合科
高度	30~90 厘米
花期	夏季
耐寒性	耐寒区 6
位置	凉爽且半阴

豹子花有时可以在林地花园中看到，或者在花展上放在专门的苗圃中展示。你可能需要费些周折才能买到它，但如果你有适合的条件种植，这些努力就不会白费。

肖鸢尾
Moraea

非洲的肖鸢尾中有许多漂亮的和鸢尾类似的品种，根据它们野外生存地点的不同，生长期有冬季或夏季之分。最适合花园种植的是夏季生长的品种，比如高大的、开亮黄色花的户顿尼肖鸢尾（*M. huttonii*）。

哪里种

夏季生长的肖鸢尾是最耐寒的品种，不过仍需种在有遮蔽物的围栏花园里和全日照的环境中。它们可以在岩石花园中长得很好，在鲜有霜冻的地区可以种在升高植床中。

如何种

初春时栽种夏季生长的肖鸢尾球茎，使用排水良好的沙砾或沙质土壤。肖鸢尾生长期中需要大量的水，不过一旦叶子枯萎，就要把球茎保存在土壤干燥的这一面越冬。

栽种秘笈

如果你在有频繁霜冻害的花园中栽培肖鸢尾，就需要在土壤上使用覆盖物来保护肖鸢尾的球茎，或者将它们种在花盆中，放在凉爽的温室或暖房中。

科 鸢尾科
高度 50~70 厘米
花期 夏季
耐寒性 耐寒区 3
位置 全日照且有遮蔽物

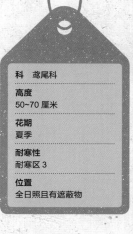

户顿尼肖鸢尾
（*Moraea huttonii*）

肖鸢尾和鸢尾看上去非常相似，花朵结构的细微差别只有植物学家能看得出来。此外，肖鸢尾是从球茎而不是鳞茎中长出来的。

专题 8：为切花开辟一小块土地

有些球根花卉很适合做切花，不过你可能不会愿意破坏花园里即将出现的美景——在球根快要开花的时候就把它们割下来。如果既想让花园保持亮丽，又想为家里增添些色彩，为什么不种些球根专门用来做切花呢？

你需要在花园中找到一块地方，一块你不介意用来种切花的土地。面积没有必要很大，只要够种几排球根就行。清理地面，深挖并翻起土壤，提高排水性。如果土壤黏重，可以埋入一些花园堆肥使土壤变得疏松，使水分更容易排出。

不必为每个球根单独挖坑，要使栽种更加轻松，可以挖一条长而浅的沟。把挖出来的土堆在两侧，沿着沟的底部种上球根，然后把两边的土推回去盖在球根上。这样栽种球根很像是在蔬菜园种菜。归根到底，一排洋葱其实和任何一行球根也没什么差别。在蔬菜园或小块菜地里种切花十分常见，种球根花卉也不例外。

选择几种球根，让你可以在不同的季节做切花。水仙、郁金香和风信子都是色彩鲜艳且持久的切花。待花茎上出现花苞时切下花茎，花苞一旦到了温暖的地方很快就会开花。稍晚开花的球根，可以选唐菖蒲或花葱，这些也是很持久的切花。就算花葱的花谢了，种子头仍然可以观赏，十分吸引人，看上去非常像一团团小焰火，从花瓶中喷射而出。

1 将用来做切花的球根一垄一垄地种植，这样比较轻松。一小块土地就够了，能种很多球根，没有必要占用一大块地。

2 可以将球根种得非常近，就像这些郁金香一样。没有必要间隔得很开，反正只要一有花苞你就会切下花茎。

3 水仙是最易开花的春季球根植物之一，很适合做切花，为家里带来一抹春色。

4 稍晚开花的郁金香，比如这款重瓣"鼓队"（Drumline）郁金香，花茎在花园中是直立的，放入花瓶中则会弯曲，成为线条优美流畅的插花作品。

5 一小块土地就能为你的家带来很多的切花。

葡萄风信子
Muscari

这些小小的春季鳞茎受人欢迎，特别好种，会开出一串串小小的圆圆的花朵，看上去就像一串串的葡萄。葡萄风信子通常都是蓝色的，不过也有白色或粉色的品种，叶片大部分都是长而细且松软下垂的。

哪里种

葡萄风信子适合栽种于绝大部分花园、灌木下或分布在花境中，还可以种在草坪里。

如何种

大部分的葡萄风信子都很耐寒、强壮，很好养活——只要土壤不积水，环境不要太过阴暗就行。秋季种下后，静待花开就好。

栽种秘笈

最具活力的品种如果种错了地方可能会成为大麻烦，比如亚美尼亚葡萄风信子（*M. armeniacum*），不过它们很适合群植，用来覆盖灌木下面或者树篱边上的土地。

科 天门冬科
高度 10~20 厘米
花期 春季
耐寒性 耐寒区 6
位置 有阳光或半阴

亚美尼亚葡萄风信子
（*Muscari armeniacum*）

大部分葡萄风信子的叶片都十分凌乱，但有一个品种，名为宽叶蓝壶花（*M. latifolium*），叶片为单叶，宽大直立，优雅地衬托着娇小的蓝色花朵。

水仙

Narcissus，也写作 narcissi，也叫野百合

想起春季，就会想到水仙。明艳的黄色花朵会点亮整个花园，预示着冬季的结束。典型的水仙花朵有 6 个花瓣，中心处呈喇叭状，称作花冠，有单头和多头之分，花色有黄色、白色或者浅粉色。

哪里种

水仙可以种在花境中、树下或草地中（详见《专题 7：安排一场华丽的春日球根花卉盛事》，第 86 页）。水仙的适应性很强，大部分种起来完全不费事。小的栽培品种和变种可以种在升高植床中或花盆里（详见《专题 4：做一盆球根"千层面"》，第 58 页）。

如何种

初秋时将鳞茎埋入地下 10~15 厘米处，随意分散于整个花境中或者种在一起形成一大簇。像围裙水仙之类小一些的品种，需要种在排水良好且开阔的位置上，不要让它们和其他植物挤在一起。

栽种秘笈

花朵凋谢后，叶片还能再持续几周时间。有的人会将叶片打结，这样做会降低光合作用，进而损伤鳞茎。如果把水仙种在草地中，先不要除草，等叶片枯萎后再修剪。

科	石蒜科
高度	15~50 厘米
花期	春季
耐寒性	耐寒区 6
位置	有阳光或半阴

绝大多数的水仙都是在春季开花，只有几个品种的花期在秋季，其中包括奇特的、开绿花的绿花水仙（*N. viridiflorus*）。

围裙水仙
（*Narcissus bulbocodium*）

白水仙
（*Narcissus
papyraceus*）

水仙的分类

　　水仙有许许多多的栽培品种和变种，要搞清楚这些品种和变种需要把它们按照花朵的类型划分为不同的组，即分类。各种喇叭形水仙是最受欢迎的变种，比如黄色的"荷兰王"水仙（N.'Dutch Master'）以及白色的"胡德山"水仙（N.'Mount Hood'）。这些水仙都有长长的花冠，也是大多数人心中典型的水仙。大杯水仙的花冠与喇叭形相比较短，而小杯水仙的花冠甚至更短小，仅仅不到花瓣长度的1/3。还有重瓣水仙，这种水仙的花冠被大量重叠的花瓣取代，而裂冠水仙的花冠从中间裂开成小瓣，与花瓣重叠在一起。还有一些品种和变种是根据花朵数量和特点来命名的。例如多花水仙中的多花中国水仙（N.tazette），以及早开花的、带有浓郁香气的白水仙。广泛种植的早开花变种"二月金"水仙，属于仙客来类（Cyclamineus），花瓣向后拢起，和仙客来水仙（N. cyclamineus）一样。

纳丽石蒜

Nerine bowdenii，也叫尼润石蒜、秋百合

纳丽石蒜肥厚的嫩芽会在秋季破土，然后不停向上生长，直到花茎顶端开出底部向外张开的喇叭形花朵。纳丽石蒜是最普遍的栽培品种，会开出亮粉色的花。纳丽石蒜还有白色或深樱桃粉色，比如"伊莎贝尔"纳丽石蒜（*N. b.* 'Isabel'）。

哪里种

任何开阔的阳地花境都适合栽种纳丽石蒜，它们会在夏季多年生植物凋谢后出现，带来一些令人愉悦的秋日色彩。在容易发生霜冻害的花园中，最好把纳丽石蒜种在有遮蔽物的地方，比如靠近墙根、面朝太阳的位置。

如何种

纳丽石蒜的叶片会在花茎出现后生长，可以撑过整个冬季。春季种下新的鳞茎，埋在土层的浅表处即可。它们会花上 1~2 年的时间适应和生长，不过一旦稳定后就会开出大量的花。

栽种秘笈

纳丽石蒜是纳丽花属中最耐寒的，不和其他植物挤在一起时长得最好。鳞茎最怕干扰，一般当鳞茎把自己挤得满满的时候，也就是花开得最好的时候。

科	石蒜科
高度	40~60 厘米
花期	秋季
耐寒性	耐寒区 5
位置	阳光充足且有遮蔽物

半耐寒的萨尼亚纳丽花（*N. sarniensis*）被称作根西百合，它是从海峡群岛上自然化而来的。

伯利恒之星

Ornithogalum，也叫虎眼万年青

许多伯利恒之星的种类都能在南非的野外找到，不过只有来自地中海区域的伯利恒之星才是最耐寒最适合种在花园里的品种。到了春季，它们会开出亮丽的星星状的白色花朵，花瓣背面闪耀着绿色。

科	天门冬科
高度	
10~50 厘米	
花期	
春季	
耐寒性	
耐寒区 6	
位置	
阳光充足且排水良好	

哪里种

任何阳光充足的地方都适合栽种伯利恒之星，尤其是排水良好的花境中，或者砾石花园里。也可以种在明亮的、有斑点树荫的树下或草地里。

如何种

伯利恒之星的耐寒品种很容易养活，比如伞花虎眼万年青（*O. umbellatum*）和高大的垂花虎眼万年青（*O. nutans*），它们会适当地在花境中散播开来。秋季种在排水良好的土壤中。

栽种秘笈

健壮的品种，比如伞花虎眼万年青，可以迅速地通过生出吸芽来繁殖，进而遍地开花，但花期过后，叶片看起来十分凌乱。可以把它们和多年生草本植物种在一起，这样可以帮助遮挡叶片。

垂花虎眼万年青
（*Ornithogalum nutans*）

伯利恒之星生长在西亚的野外，由此也就不难理解为什么这些探出地面的白色小花会取名为"伯利恒之星"了[①]。

[①] 这里有必要进一步解释一下命名的原因：伯利恒是世界闻名的犹太教和基督教圣地，距圣城耶路撒冷西南 8 千米，位于巴勒斯坦中部犹太山地的顶端。而这种小花多野生于巴勒斯坦，因此命名为伯利恒之星。此外，伯利恒之星还是祭祀耶稣养父圣约瑟夫的花朵。——译者注

知名的南非品种

- *O. candicans* 或尖塔百合一直以来都被称作夏风信子（*Galtonia candicans*），是南非品种中为数不多的耐寒类型，只要温度不低于 -10℃，就可以室外露养。无叶的花茎上围绕着很多似蜡般光滑的白色钟形花朵，可以长至 1.25 米高。长得好的丛簇会在夏季的花境中令人眼前一亮。初春时种下鳞茎，夏季需要保水性好、排水性也好的土壤。要提高排水性，盆栽时在大花盆里使用疏松排水的土壤，并在鳞茎下加一些沙砾。

  以下品种是来自南非的伯利恒之星，需要种在没有霜冻的地方，最好盆栽，或者到了寒冷的冬季时把它们挖出来越冬。

- 杜宾虎眼万年青（*O. dubium*），也叫橙星花，是最为引人注目的品种，花朵硕大，呈深橙色，花茎可长至 30 厘米高。
- 桑氏虎眼万年青（*O. saundersiae*），也叫巨型虎眼万年青，可以长至 90 厘米以上，白色的花朵中心有小小的黑色子房，长在花茎顶端的平顶头状花序中。
- 拟锥虎眼万年青（*O. thyrsoides*）有着密集的总状花序，由白色带有浅绿色花心的花朵组成，可以长至 60 厘米高。

夏风信子
（*Ornithogalum candicans*）

酢浆草

Oxalis，也叫假三叶草

众多酢浆草之中，最好的当数纤细类，比如双色酢浆草（*O. versicolor*）和长发酢浆草（*O. hirta*）。它们的叶片迷人，通常有深裂，漏斗形的花朵俯视着叶片。酢浆草属中也有很多可怕的杂草，一定不要栽种。

哪里种

最好的酢浆草大部分都适合种在干燥花园中有遮蔽物的地方或者升高植床中。酢浆草也非常适合盆栽，三角紫叶酢浆草（*O. triangularis*）等紫色叶片种类最适合放在窗台上或者凉爽的温室中。

如何种

将酢浆草的鳞茎种在排水良好的土壤中，安置于全日照环境下。有些品种需要完全没有霜冻的条件，或者至少有地方可以避寒。那些在花园中适应得太好的品种很可能泛滥成灾。

栽种秘笈

酢浆草和其他春季鳞茎一起捆绑销售应该没有什么问题，但是如果你要购买，或者别人要给你一株来自其他地方的植物，一定要确保它不是外来的入侵物种。

科	酢浆草科（Oxalidaceae）
高度	10~20 厘米
花期	一年四季
耐寒性	耐寒区 3
位置	全日照

双色酢浆草
（*Oxalis versicolor*）

有些酢浆草长有须根，它们匍匐生长，是花园中常见的杂草，基本上不可能完全根除。

专题 9：从种子开始培育球根花卉

从种子开始培育球根花卉是一件成就感极强的事情，不过从幼苗长到可以开花的大小需要相当长的一段时间，等那个时刻到来时你会觉得一切都是值得的。大多数球根从播种到开花大约需要 3 年的时间，有些会更长。播种是收获许多新子球的最佳方式。

番红花、郁金香、花葱和贝母是刚开始比较容易上手的品种，其实大多数的球根都没有什么问题，只是你要有些耐心。首先要做的就是从花园中的球根花卉上收集种子。正在开花的球根一旦形成种荚时就要注意了，它们会变干后裂开，露出种子。如果你没能及时发现，这些种子就会落到地里，让你再也找不到它们。将收集起来的种子放在信封或纸袋中，保持干燥。

最佳的播种时间为母球休眠过后再次开始生长时。对于春季球根来说，播种时间为秋季或初冬；对于夏季球根而言，播种时间为冬末或初春。你需要等待数周才能看到新叶生出。

最重要的建议就是不要干扰萌发出的幼苗。大部分的球根幼苗看上去像纤弱的草，就让它们待在花盆里，至少一年后再挖出来。这样做可以给它们时间，长出小小的球根。不要让盆土彻底干透，就算是幼苗休眠时也不行。如果幼苗看上去很健壮，那么它们每一个都应该已经形成球根了，一旦再次休眠，你就可以给它们换一个大点的花盆，让它们继续生长 1~2 年，然后再移入花园地栽。

1 轻轻捏开干种荚，收集里边的种子，让种子掉落在你的手上或者纸袋中。

2 找一个小花盆，在里边放入沙砾或沙质土壤，填至距离花盆边缘约 2.5 厘米处，接着在土壤表面撒上种子。

3 播种后，在种子上薄薄地覆盖一层筛过的土。

4 在土壤表面再薄薄地覆盖一层小沙砾。这样可以防止土壤淋雨时发生飞溅干扰到种子。最后把花盆放入装有水的托盘中，用浸盆的方式为其浇水。

5 开始萌芽的种子，比如这盆淑女郁金香，会长出纤细的草状叶片。

6 和大多数球根一样，淑女郁金香会在萌芽之后的 3~5 年里开花。

条纹海葱

Puschkinia scilloides，也叫蚁播花

这是一种矮矮的、美丽的小鳞茎，非常像小一些的蓝瑰花，不过条纹海葱的穗状花序是由淡蓝色的花朵组成，每片花瓣由中心处向外延伸出一条深蓝色的条纹。每朵花的中心都有一个小小的杯状花冠围绕着花药。

哪里种

条纹海葱是一种矮小的植物，要想充分欣赏到它的美，最好将其种在升高植床或者花境的前侧，采用排水良好的土壤，选择有光照或半阴的位置。

如何种

秋季种下鳞茎，制造出春花的花球，或者和花期相同的水仙、郁金香等高一些的鳞茎种在一个花盆里。

栽种秘笈

像条纹海葱这样的小鳞茎最好聚堆栽种，单独种在花园里是没有存在感的。

科	天门冬科
高度	10 厘米
花期	春季
耐寒性	耐寒区 6
位置	有阳光或半阴、排水良好

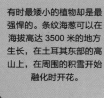

有时最矮小的植物却是最强悍的。条纹海葱可以在海拔高达 3500 米的地方生长，在土耳其东部的高山上，在周围的积雪开始融化时开花。

红金梅草

Rhodohypoxis baurii，也写作 *Hypoxis baurii*，也叫红星星草

红金梅草是低地丛生植物，夏季，在细窄多毛带尖的莲座叶心处开出红色、粉色或白色的花。这种植物可以形成色彩缤纷的迷人花毯，星星状的花朵可以持续数周不败。

哪里种

这类植物来自非洲南部的夏季降雨地区，生长期需要大量的水分，不过整个冬季需要保持相对干燥，因此可以把它们种在升高植床中或者浅花盆里。

如何种

将小小的、疙疙瘩瘩的块茎种在靠近土壤表层的地方，薄薄地覆盖一层土。排水非常重要，因为到了冬季，红金梅草绝不能待在潮湿的地里。

栽种秘笈

如果你的红金梅草是盆栽的，冬季把它移到凉爽的温室或冷床中保持干燥。如果是地栽于一个冬季多雨的地方，那么需要在植物上方用玻璃板或者硬塑料片遮盖。

科　仙茅科（Hypoxidaceae）
高度 10~15 厘米
花期 夏季
耐寒性 耐寒区 3
位置 阳光充足且排水良好

红金梅草来自高海拔的南非德拉肯斯山脉，可以在夏季积水的土地中生长。

沙红花

Romulea bulbocodium

这是沙丽花属众多品种中最容易获得且随处可以买到的品种。看上去很像春季的番红花，漏斗形的花朵呈淡紫色，通常带有黄色的喉部，但是与番红花不同，它们长在由长条线状叶片包围的短花茎上。

哪里种

将沙红花种在温暖、阳光充足的地方。它们最适合种在升高植床或岩石花园中，或者有遮蔽物的砾石花园里。

如何种

秋季种在排水良好的土壤中。小小的球茎会在冬季开始生长并在春季开花，不过需要种在有遮蔽物且霜冻不太厉害的地方。

栽种秘笈

沙红花的花朵要在温暖的地方才能舒展开来，露出鲜艳的花瓣，因此把它们种在可以尽情享受春季阳光的地方吧！

科	鸢尾科
高度	10~20 厘米
花期	春季
耐寒性	耐寒区 4
位置	阳光充足且排水良好

沙丽花属植物的分布模式——有些品种在地中海周围地区，其余的在非洲南部地区——也常见于其他球根植物，比如伯利恒之星和唐菖蒲。

象牙参

Roscoea，也叫耐寒姜

象牙参是外观奇特的植物，花朵像迷人的兰花，从长而尖的簇生叶丛顶端探出。花色大部分为紫色或黄色，不同品种的花期可以从春末一直延续到夏末。

哪里种

来自夏季降水量高的中国西南部和喜马拉雅地区，因此象牙参需要湿润的土壤和一些凉爽的树荫。可以把它们种在树下或升高植床中。象牙参会在冬季休眠，如果埋在不会冻硬结冰的土下至少10厘米深的地方，它是完全可以耐寒越冬的。

如何种

象牙参是由带有长长的肉质根的小根状茎长成，应在秋季种下，使用排水性和保水性都好的土壤。夏季要浇足水，冬季要防止土地过于潮湿。

栽种秘笈

随着时间的流逝，象牙参会形成相当大的丛簇，这时候应该把它们挖出来，小心地分离缠绕在一起的根系，然后分散种植，给它们更多的空间和新鲜的土壤。

科	姜科（Zingiberaceae）
高度	20~60厘米
花期	春末至夏季
耐寒性	耐寒区5
位置	半阴

大花象牙参
（*Roscoea humeana*）

1992年，一支前往尼泊尔的牛津大学考察队发现了不同寻常的、开着红色花朵的紫象牙参（*Roscoea purpurea*），此前从没有人在象牙参属中见过红色花朵。这种花被命名为紫花象牙参红花亚种（*R.p.f. rubra*），现在，在象牙参栽培品种中依然是独一无二的。

蓝瑰花

Scilla

早春时节，树下地面覆盖着的蓝色的蓝瑰花花毯的盛景可谓无与伦比。蓝瑰花属中有许多品种，有的可以长到60厘米甚至更高，其余的则紧贴地面生长，大多数的花期都在春季。

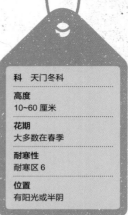

科	天门冬科
高度	
10~60 厘米	
花期	
大多数在春季	
耐寒性	
耐寒区 6	
位置	
有阳光或半阴	

哪里种

小小的蓝瑰花，比如土尔其雪百合（*S. forbesii*）和雪光花（*S. luciliae*），可以种在落叶乔木下或草坪里，最终它们会铺满地面。其他的品种，比如伏尔加蓝瑰花，最适合种在升高植床或岩石花园里。

如何种

大多数蓝瑰花需要排水性和保水性都好的土壤。可以与其他早春鳞茎种在一起，比如雪花莲和冬菟葵。

栽种秘笈

秋季将鳞茎散落在花境中，落在哪儿就种在哪儿，营造出自然的效果。之后它们很快就能靠自己散播开来。

蓝瑰花过去被归为雪百合属（*Chionodoxa*）。你可以通过长在三角形花丝上的花药来辨别蓝瑰花，花药会在花的中心形成一个小小的白色圆锥体。

伏尔加蓝瑰花
（*Scilla siberica*）

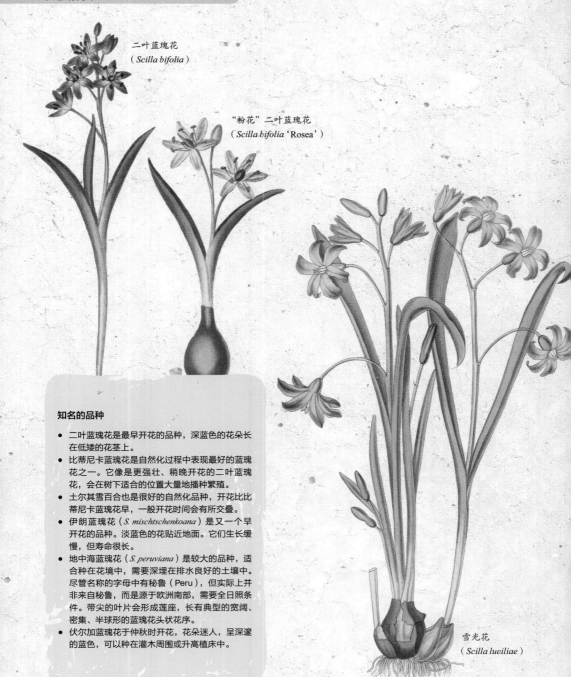

二叶蓝瑰花
（ *Scilla bifolia* ）

"粉花" 二叶蓝瑰花
（ *Scilla bifolia* 'Rosea' ）

知名的品种

- 二叶蓝瑰花是最早开花的品种，深蓝色的花朵长在低矮的花茎上。
- 比蒂尼卡蓝瑰花是自然化过程中表现最好的蓝瑰花之一。它像是更强壮、稍晚开花的二叶蓝瑰花，会在树下适合的位置大量地播种繁殖。
- 土尔其雪百合也是很好的自然化品种，开花比比蒂尼卡蓝瑰花早，一般开花时间会有所交叠。
- 伊朗蓝瑰花（ *S. mischtschenkoana* ）是又一个早开花的品种。淡蓝色的花贴近地面。它们生长缓慢，但寿命很长。
- 地中海蓝瑰花（ *S. peruviana* ）是较大的品种，适合种在花境中，需要深埋在排水良好的土壤中。尽管名称的字母中有秘鲁（Peru），但实际上并非来自秘鲁，而是源于欧洲南部，需要全日照条件。带尖的叶片会形成莲座，长有典型的宽阔、密集、半球形的蓝瑰花头状花序。
- 伏尔加蓝瑰花于仲秋时开花，花朵迷人，呈深邃的蓝色，可以种在灌木周围或升高植床中。

雪光花
（ *Scilla luciliae* ）

黄韭兰

Sternbergia Lutea，也叫黄施特恩贝格氏花、冬水仙

秋季，从地面冒出来的大大的金色高脚酒杯状花朵，就是俗称冬水仙的黄韭兰，它们是黄韭兰属（*Sternbergia*）的品种。黄韭兰开花的时间和秋季的草原藏红花一样，只是叶片较细窄、不是很壮硕。

科 石蒜科
高度 10~15 厘米
花期 秋季
耐寒性 耐寒区 4
位置 阳光充足且排水良好

哪里种

黄韭兰很容易在阳光充足且带有遮蔽物的花境、升高植床或岩石花园中存活。最适合全日照的环境，夏季需要在温暖干燥的环境中休息，因此良好的排水十分重要。

如何种

晚秋时节会开始售卖鳞茎，和草原藏红花一样，买来就应该尽快栽种，一旦种到地里很快就会开始生长。

栽种秘笈

黄韭兰会形成丛簇，越挤开花就越好。新种下去的鳞茎可能不会马上开花。

黄韭兰属和水仙属为同一科，不过看上去更像番红花。你可以通过观察花朵内部来加以区分，黄韭兰属有 6 个花药，而番红花属则只有 3 个花药。

智利蓝番红花

Tecophilaea cyanocrocus，也叫智利番红花

　　智利蓝番红花是最为迷人的春季球根花卉之一，花朵鲜艳，呈浓重的蓝色，花心为白色。花朵为宽阔的喇叭形，长在纤细的花茎上，略微高于地面。"蓝镶白"智利蓝番红花（*T. cyanocrocus* 'Leichtlinii'）的花朵为浅蓝色。

哪里种

　　尽管来自智利的安第斯山脉，智利蓝番红花却并不十分耐寒，夏季需要在干燥的环境中休息。需要种在几乎没有霜冻的花园中，也可以种在升高植床或阳光充足的墙根下。

如何种

　　秋季种下，随后球茎会在冬季长叶，初春开花。需要排水良好的土壤，不要让球茎接触过多的水分。

栽种秘笈

　　为了不让智利蓝番红花球茎遭受严寒，经常会看到它们和高山植物一起，种在花盆里，放在凉爽的温室中。

科　蓝嵩莲科（Tecophilaeaceae）
高度 10~15 厘米
花期 初春
耐寒性 耐寒区 3
位置 阳光充足且有遮蔽物

人们对妩媚的智利蓝番红花的渴望，导致了对野外花朵的过度采集。多年来，人们都认为智利蓝番红花已经灭绝了。直到 2001 年，才在智利的圣地亚哥附近再次发现了智利蓝番红花的新种群。

专题 10：将秋季球根自然化到你的花园里

在花园中自然化的球根是指不用照看，完全通过自主繁殖来长满花境或铺遍草地。这种方式要么是通过结子发芽，长出新的植株，要么就是从母球中长出子球或匍匐茎，一点一点来增加植株的数量。

自然化球根的关键是选择合适的品种。有许多春季球根都可以自然化，而秋季球根的选择就比较有限。有 3 种主要的秋季球根可以选择，分别是番红花、草原藏红花和常春藤叶仙客来。这些球根应该在夏末种下，短短几周就能开花。

秋季番红花中最容易栽种的品种就是华丽番红花，花朵通常是紫蓝色的，上面带有精美的斑纹，但也有白色的花。将球茎种在草地里，初秋时会开花。从这个时候开始一直到春季，你都不能除草。番红花的叶子会在花朵凋谢后生长，细细的很像青草，会和草地融为一体。

草原藏红花通常都是围着大树栽种，因为夏季它们可以在树木的冠盖下保持干燥。初秋的花朵有粉色、紫蓝色或白色。这些球茎会自主分离，随着时间开出更多的花，慢慢地填满空隙。

常春藤叶仙客来是所有仙客来中最耐寒的品种，夏末时开始开花。圆圆的块茎应栽种于土壤表面，种在斑点树荫下或草地中。花朵从顶端的生长点冒出，开在纤细的花茎上，随后叶片才逐渐舒展。这种植物在有些花园中长势良好，而在另一些花园中则会疯长，种子散播在花境中，整个冬季地面上都会覆盖着它们具有迷人图案的叶片。

1 华丽番红花是秋季开花品种，可以种在草地中，它们会慢慢地繁殖。

2 草原藏红花可以种在树下，这样夏季可以保持干燥，等到秋季苏醒后就可以开出大大的高脚杯状的花朵。

3 常春藤叶仙客来是一种美妙的秋花，迷人的叶片可以持续整个冬季。它通过种子繁殖，在合适的条件下能铺满整个花境。

虎皮花

Tigridia pavonia，也叫孔雀虎皮花、阿兹特克百合

　　虎皮花可能是最富有异域风情外观的园艺球根花卉了，长长的叶片像剑一样，夏季开花，花朵完全张开，花色艳丽，从黄色、橙色一直到粉色、红色。单株开花仅能保持几个小时，不过很多株种在一起就能相继不绝地开放。

哪里种

　　虎皮花可以在少有霜冻的花园中地栽，也可以种在升高植床或有沙砾或沙质土壤的干燥花园里。除此之外，它们最适合盆栽，夏季可以展示观赏，冬季可以免受严寒的侵袭。

如何种

　　春季时栽种，全日照。如果留在地里越冬，它们可以耐受轻霜，如果霜冻频繁，或者土壤黏重的话，最好还是秋季把球茎挖出来，妥善存放于干燥处越冬。

栽种秘笈

　　虎皮花很容易从种子中成活（详见《专题 9：从种子开始培育球根花卉》，第 104 页），如果播种足够早，放在较为温暖的暖房或温室中，第一年便可以开花。晚播种的话会在下一年开花。

科	鸢尾科
高度	30~50 厘米
花期	夏季
耐寒性	耐寒区 3
位置	全日照且有遮蔽物

虎皮花的球茎过去是阿兹特克人的食物，阿兹特克人称其为 *Cacomitl*。这种球茎吃起来有点像红薯，不过，千万不要试吃新买来的球茎，它们很可能被农药处理过。

延龄草

Trillium，也叫直立延龄草、美国三叶草、美国木百合

延龄草由根状茎长成，春季开花。它外观独特，3 片大而圆的叶子上常带有杂色，围绕在 3 片花瓣组成的花朵周围。这种花要么直接位于叶子的顶端，要么开在短小的花茎上。

哪里种

延龄草在野外是林地植物，因此需要凉爽的树荫和肥沃的、厚厚的、富含腐殖质的土壤，可以种在落叶乔木下或花园中半阴的角落里。

如何种

根状茎通常会和鳞茎一同售卖，最好不要让它们变干，因此，买回来最好立即栽种，埋入土中 8~10 厘米深。它们需要几年时间扎根适应并会慢慢繁殖。

栽种秘笈

延龄草在重质黏土或积水的土壤中无法存活，同时任何季节也无法忍受干燥。可以用花园堆肥或者完全腐熟的粪肥来改善你的土壤，使土壤既有保水性，又能顺利地排出多余的水分。

科	藜芦科（Melanthiaceae）
高度	50 厘米
花期	春季
耐寒性	耐寒区 5
位置	凉爽且有树荫

大花延龄草
（*Trillium grandiflorum*）

延龄草 *Trillium* 中的 tri 有"3"的意思，指的是这种植物的各个部分都为 3 个。

三重百合

Triteleia laxa, 也叫草果、伊斯瑞尔之矛、花店的紫灯韭

三重百合因切花而出名，但并不是常见的园艺品种，主要因为它并不十分耐寒。种在对的地方，它会非常迷人，花朵呈明亮的紫蓝色，初夏时开在松散的伞状花序上。

哪里种

将三重百合种在花园中温暖且阳光充足的位置，有严重霜冻时需要避寒。它非常适合种在干燥的砾石花园里或升高植床中。

如何种

三重百合是冬季生长的植物，会在生长季快要结束时、叶子枯萎后开花。秋季在轻质的、排水良好的沙质土壤中种下休眠的球茎。

栽种秘笈

要把枯萎的叶子藏起来，可以把三重百合种在低矮的观赏草中或低生的多年生植物间。

科	天门冬科
高度	30~50 厘米
花期	初夏
耐寒性	耐寒区 3
位置	阳光充足且排水良好

Triteleia 和 *Brodiaea*（紫灯韭）都作过三重百合的植物学名称，这就是为什么这种植物有时候仍然被人称作花店的紫灯韭。

观音兰

Tritonia disticha，也写作 *Tritonia rosea*、*Crocosmia rosea*

这些典雅的南非球茎与非洲玉米百合和雄黄兰十分相像。它们的叶片长而细窄，花朵色彩鲜艳，长在颀长纤细的花茎上。观音兰属中有很多品种，不过只有为数不多的几种得到了广泛种植。

哪里种

观音兰需要充足的光照和排水良好的土壤，因此可以把它的球茎种在砾石花园、升高植床或开阔的花境中。它们会在城市花园或庭院中明亮的角落处茁壮生长。

如何种

观音兰的球茎会在夏季生长，任何时候都不能让它彻底干透。有些叶子可以顽强越冬，不过它们还算比较耐寒，可以经受住轻霜的考验。

栽种秘笈

如果霜冻频繁，最好给观音兰的球茎上面覆盖厚且干燥的盖料，帮助它们抵御严寒。

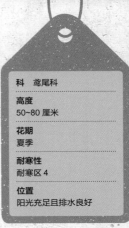

科	鸢尾科
高度	50~80 厘米
花期	夏季
耐寒性	耐寒区 4
位置	阳光充足且排水良好

鸢尾科中有许多来自非洲南部的植物，像是观音兰、雄黄兰、非洲玉米百合、天使钓竿、唐菖蒲、肖鸢尾、沙红花和喇叭百合。

专题 11：打造一座冬季球根花园

冬季开花的球根会在一年中最冷的日子里为花园带来生机、色彩和希望。从雪花莲、冬菟葵、小花仙客来到鸢尾属植物，再到最先开花的番红花属植物，有很多很棒的冬季开花的球根可供挑选。

你可以把冬季开花的球根种在花园的一角，最好是透过窗户就能看到的地方，这样你就不用硬着头皮出去欣赏了。把球根种在灌木等品种的树下，可以与梾木（Cornus）色彩鲜艳的茎或忍冬荚蒾（Winter viburnum）浅粉色的小花相互衬托。很多冬季开花的球根十分小，完全可以种在窗槛花箱里，这样真的没有什么理由不去种上一点了。大部分冬季开花的球根都是秋季栽种，不过你可以春季购买雪花莲和冬菟葵，这样开始生长的植物可以直接种在花园里。

雪花莲可以说是大家的最爱，会在仲冬时节开花，不过不必将它们单独栽种。冬季花园的乐趣之一，就是你仍然可以用相对有限的植物创造出一些迷人的组合，冬季的花朵之所以弥足珍贵，完全是因为它们的稀缺性。

打造冬季花境时，可以考虑使用不同的球根，把它们放在一起。冬菟葵的黄色花朵靠近地面，可以用来衬托较高的球根花卉。可以把它与雪花莲或初冬就能开花的白水仙种在一起。小花仙客来可以用它圆圆的叶子和许许多多的糖粉色花朵铺满地面，同样，它也和雪花莲十分搭配。

你还应该考虑到整个冬季花朵开放的交替和更迭。在寒冷的季节里，虽然花朵可以开放数周，但最终仲冬开花的球根植物会为冬末和初春开花的球根植物让位。鸢尾和渐变番红花都是在冬末开花，为新到来的种植季拉开帷幕。

1　将不同的冬季开花的球根种在一起，例如，雪花莲（上）、番红花（下）和鸢尾（右）。

2　雪花莲可以在隆冬时节的冰天雪地中开花，花朵可保持数周。

3　雪花莲和冬菟葵是一对经典的冬季组合。

4　冬菟葵的花朵可保持到冬末，可以与最先开花的渐变番红花搭配种植。

5　土地上一大丛根深蒂固的小花仙客来所带来的冬日美景，可以媲美任何的夏日花丛。

六裂旱金莲

Tropaeolum speciosum，也叫苏格兰火焰花、珀斯野草、智利火焰蔓

明艳的、猩红色的六裂旱金莲，花茎长而细，卷曲缠绕，叶片小、有浅裂，夏季会盛放出大量艳丽的花朵。每一朵小小的、号角形的花朵都有 5 片底部向外展开的、带有圆形凹口的花瓣和一根向后翘起的刺状物。

科	旱金莲科（Tropaeolaceae）
高度	3 米
花期	夏季
耐寒性	耐寒区 5
位置	凉爽且半阴

哪里种

六裂旱金莲喜欢凉爽、半阴和空气潮湿的环境。它们会穿过树篱，顺着附近的灌木向上攀缘生长。

如何种

将白色的根状茎种在沙质、多叶的土壤中，夏季要充分浇水。要让它们能穿过附近的植物生长。

栽种秘笈

六裂旱金莲不容易在花园中扎根，因此，把它们的根状茎种在约 15 厘米深的窄沟中，只盖一半的土即可。随着根状茎的生长，逐渐用土把沟填满，与地面齐平。

六裂旱金莲的俗名总是与苏格兰相关，它们通常被称为苏格兰火焰花。此外，由于它们喜欢凉爽、潮湿的夏季环境，有时甚至会变成野草，由此出现了另一个俗名——珀斯野草，是以苏格兰的一座城市（珀斯）来命名的。

知名的品种

常见的旱金莲（*T. majus*）多为一年生植物，不过也有很多从块茎或根状茎长成的多年生品种。

- 天蓝旱金莲（*T. azureum*）是一个漂亮的、开蓝花的品种。它会在冬季生长并开花，低于 -5℃时需要避寒。这种花十分适合种在大花盆中，可以攀缘生长至 1 米高。
- 多叶旱金莲（*T. polyphyllum*）是易于生长的蔓生植物，叶片呈蓝灰色，为肉质茎。黄色的花朵会在春季开放。尽管它的茎可以耐霜冻，不过栽种时还是要把根状茎埋入约 30 厘米深的土中，免受冻结土壤的侵害。这个品种在升高植床或岩石花园中最好看，让茎叶可以向下垂吊着。
- 三色旱金莲（*T. tricolor*）之所以得名是因为它们每一朵小小的、黄色的花朵都由带紫尖的红色花萼包裹，还有向后翘起的红色刺状物（合起来有 3 种颜色）。它的花期很长，可以从晚冬一直开到春末，不过霜冻时需要避寒。
- 块茎旱金莲（*T. tuberosum*）是活力四射的、夏季开花的品种，它是由大块茎生长而来，可以横向长至超过 5 厘米。如果有可供攀缘的棚架或篱笆，茎叶可以长至 3 米高。它们会开出橘色的花朵，花瓣末端呈黄色。茎不耐寒，不过可以将块茎埋起来，只要该地区的气温不低于 -5℃，就能在户外存活。

三色旱金莲
（*Tropaeolum tricolor*）

123

紫娇花

Tulbaghia，也叫社会蒜

秀气优雅的叶丛，由长长的、条状叶片组成，其中生出数根高高的、无叶的花茎，每一个花茎上都开有一团小小的喇叭状花朵。种植最为广泛的是紫娇花（*T. violacea*），还有少数几个园艺变种，包括杂色的"银边"紫娇花（*T.v.* 'Silver Lace'）。

哪里种

紫娇花非常耐旱，花期超长。它需要充足的阳光，因此可以种在砾石花园、升高植床或者有遮蔽物的阳地花境中。它也是很棒的盆栽植物。

如何种

紫娇花的鳞茎可以全年保有部分叶片，春季可以通过将丛簇分离来增加你的植物数量。它们不太耐寒，严重霜冻时需要避寒保护。

栽种秘笈

割掉已经枯萎的花茎可以促进新茎的生长。紫娇花可以绽放整个夏季。

科	石蒜科
高度	30~50 厘米
花期	夏季
耐寒性	耐寒区 4
位置	阳光充足且有遮蔽物

紫娇花
（*Tulbaghia violacea*）

就像社会蒜这个俗名中提到的那样，这种植物的叶片碾碎后会有蒜味儿。这种强烈的味道可以驱虫，可涂抹在皮肤上作为驱虫剂，甚至还能让鼹鼠远离你的花园。

郁金香

Tulipa

就纯粹的花卉影响力而言，你是无法绕开郁金香的。无论是花坛中成排栽种的单色郁金香，还是花境中混合栽种的色彩丰富的郁金香，五颜六色的杯状或花瓶状的花朵，总能为春日的种植增添活力，同时营造出雅致的氛围（详见《专题 12：3 个月的郁金香》，第 128 页）。

科	百合科
高度	20~80 厘米
花期	春季
耐寒性	耐寒区 6
位置	阳光充足且排水良好

哪里种

如果有充足的光照，郁金香可以种在很多地方。它们可以装饰花境、升高植床或砾石花园。郁金香可以种在乡村花园或者城市花园，盆栽也特别出色，可以放在露台上或者窗槛花箱里供人观赏（详见《专题 4：做一盆球根"千层面"》，第 58 页）。

如何种

郁金香最好只种一季，在随后的秋季用新的鳞茎进行替换。高度育成品种通常第一年之后就会枯萎，不过，如果种在沙质且排水良好的土壤中，有些还是挺持久的。

栽种秘笈

如果你希望栽种的郁金香可以持续一年以上，那么可以试试其中的一些野生品种，它们通常会作为"原生种"郁金香售卖。这些品种也需要充足的阳光和排水良好的土壤，但是它们会年复一年地不断开花。

林生郁金香
（ *Tulipa sylvestris* ）

郁金香是由真正的鳞茎长成（详见第 10 页），可以每年再获新生。植株在生长时会用尽鳞茎中所有的能量，而新的鳞茎会在夏季植株枯萎前长成。

郁金香的划分

和水仙一样，郁金香的栽培品种也按照花朵的类型做出了归类与划分。

- 其中有 3 类郁金香是按照最为相像的品种而得名，分别是考夫曼群（Kaufmanniana Group）、格里克群（Greigii Group）和福斯特群（Fosteriana Group）。以格里克群为例，该群的郁金香和格里克郁金香（*T. greigii*）一样——宽大的、向外展开的漏斗形花朵，叶片通常带有深色的斑点或条纹。

- 郁金香有单瓣和重瓣之分，还可以进一步划分成早花群和晚花群。单瓣晚花群包括经典的、高大的、花朵呈蛋形的栽培变种，比如"夜皇后"郁金香（*T.* 'Queen of Night'）。

- 百合花群（Lily-flowered Group）中的郁金香花朵典雅，花瓣顶端带尖，比如"芭蕾舞女"郁金香（*T.* 'Ballerina'）和"红光"郁金香。

- 达尔文杂交群（The Darwin Hybrid Group）中有些大花，和百合花群一起，是最有可能在花园中持久留存的郁金香栽培品种。

- 有些郁金香品种不是那么耀眼，却有着属于它们自己的魅力，可能会在花园中存活很多年。最适合户外地栽的栽培品种有：林生郁金香、淑女郁金香、艳丽郁金香（*T. praestans*）和猩红色、初夏开花的斯普林格郁金香。

格里克郁金香
（ *Tulipa greigii* ）

专题 12：3 个月的郁金香

郁金香是春季的重头戏，鲜艳醒目的花朵有许多种不同的颜色和形状。如果选对栽培品种，你就能拥有开花超过 3 个月的郁金香。将郁金香种在花境中，它们会接连开花，可以持续地展示和供人欣赏，也可以把郁金香种在花盆里，这样，开花时你就能把郁金香挪到显眼的位置上了。

初春第一批开花的郁金香中，基本上都属于考夫曼群——有时也称作睡莲郁金香。这些郁金香的花朵呈漏斗形，可以是单色的，比如亮红色的"优胜者"郁金香（*T.* 'Showwinner'）或者橙红色的"情歌"郁金香（*T.* 'Love Song'）。其他考夫曼群中的郁金香有着黄色或白色的花朵，花瓣内部和外围花瓣的背面带有红色的斑纹，比如"女仆"郁金香（*T.* 'Ancilla'）。

紧接着开花的是单瓣早花群，它们的花茎强健，约 35 厘米高，有粉红色的"杏丽"郁金香（*T.* 'Apricot Beauty'）和紫罗兰色的"糖果王子"郁金香（*T.* 'Candy Prince'）。

大多数郁金香都是在仲春时节开花，如今你的选择实在太多了。特瑞安群（Triumph Group）是郁金香最大的栽培群之一，植株和单瓣早花郁金香类似，但稍微高些，开花略微晚些。达尔文杂交群的郁金香更高，大约 55 厘米，花朵硕大，在阳光下会大大地舒展开来。"佛罗伦萨象牙白"郁金香（*T.* 'Ivory Floradale'）的白色花朵带有丝绸般的质感，"白日梦"郁金香（*T.* 'Daydream'）的花朵为黄色，时间久了会变成浅橙色。

仲春开花的还有百合花群郁金香。它们的花朵优雅、纤细，花瓣尖尖的，其中有广受欢迎的"芭蕾舞女"郁金香、"白色凯旋"郁金香（*T.* 'White Triumphator'）和"中国粉"郁金香（*T.* 'China Pink'），除此之外，还有超多种类可以挑选。

等到晚春时节，单瓣晚花群郁金香就开始绽放了。从蛋形的花蕾中开出深碗形的花朵。植株可以长至 70 厘米高，通常都会列入正式的花坛设计方案中。这些郁金香有很多种颜色，尤其深紫色的"夜皇后"郁金香一直都是人们的宠儿。

1　"情歌"郁金香属于考夫曼群，是最先开花的郁金香之一，它很适合作为新一季的开端。

2　仲春开花的郁金香有花朵硕大、花色从黄色转至浅橙色的"白日梦"郁金香，属达尔文杂交群。

3　百合花群的郁金香，比如"芭蕾舞女"郁金香，花朵典雅，花瓣尖尖的，也是仲春开花。种在轻质的沙质土壤中，可以存活数年。

4　单瓣晚花郁金香属于最后开花的郁金香，其中包括人们一直钟情的"夜皇后"郁金香，不过来年几乎不可能再次开花了。

5　当你将一些郁金香盆栽时，从早春到晚春，整整 3 个月，你都可以收获到缤纷亮丽的色彩。这是仲春开花的重瓣郁金香的展示。

喇叭百合

Watsonia，也叫沃森花、弯管鸢尾、海角喇叭百合

喇叭百合是引人注目的南非植物，剑状的叶子像扇子一样，高高的、对称生长的塔状漏斗形花朵，有红色、粉色、橙色、黄色或白色。夏季生长的喇叭百合，比如皮尔兰斯沃森花（*W. pillansii*）会在秋季开花；冬季生长的喇叭百合，比如波旁弯管鸢尾（*W. borbonica*）会在春季开花。

哪里种

遗憾的是，喇叭百合完全不耐寒，需要避寒保护。在有遮蔽物的、不会受到恶劣天气侵袭的城市或沿海花园里值得一试，不过最好放在没有霜冻害的温室或暖房中越冬。

如何种

春季或秋季种下球茎，它们的叶片可以保持一整年，因此你需要找到种在花盆里销售的喇叭百合。夏季把花盆搬到室外，放在阳光充足的地方。

栽种秘笈

如果是在户外地栽的话，将球茎靠着温暖、阳光充足的墙栽种，来获得一些保护。

科	鸢尾科
高度	60~125 厘米
花期	春季或秋季
耐寒性	耐寒区 3
位置	阳光充足且有遮蔽物

波旁弯管鸢尾
（*Watsonia borbonica*）

喇叭百合中的特雷斯科杂交品种来自锡利群岛的特雷斯科岛，在英格兰的西南海岸附近，那里冬季足够温暖，它们完全可以在户外存活。

马蹄莲

Zantedeschia aethiopica，也叫海芋百合

马蹄莲厚实粗壮的花茎上长着大大的、油润而闪亮的佛焰苞，这种特质使它成为很适合做切花的植物。同时，马蹄莲还是让人印象深刻的园林植物，丛簇的、硕大的箭形叶片围绕在花茎周围。"克罗伯勒"马蹄莲（*Zantedeschia aethiopica* 'Crowborough'）是很受欢迎的变种。

哪里种

深埋在湿润的土壤中，选择阳光充足的地方栽种。马蹄莲可以在花境中或池塘边生长。在南非的野外，沼泽地和沟渠里的马蹄莲生长旺盛。

如何种

马蹄莲的地上部分并不十分耐寒，因此需要把肥厚的根状茎深埋在土中避免冻伤，这样它们就应该能在寒冷的冬季活下来了。在没有霜冻害的花园或做了防寒保护措施的地方，叶子会保持常绿。

栽种秘笈

在一个寒冷的夜晚之后，马蹄莲的叶子看上去就像是煮过的菠菜，不要慌张，马蹄莲会活下来，随着气温回暖会在春季长出新叶。

科	天南星科
高度	60~100 厘米
花期	夏季
耐寒性	耐寒区 4
位置	湿润但阳光充足

马蹄莲是首批从南非海角引入欧洲的植物，于 1644 年栽种于巴黎植物园。

葱莲

Zephyranthes candida，也叫雨百合、秘鲁沼泽百合

科 石蒜科
高度 20~30 厘米
花期 秋季
耐寒性 耐寒区 4
位置 阳光充足且排水良好

这种南美的鳞茎会在秋季开花，花朵呈白色，高脚杯形，生长在长度达 20 厘米的花茎上。夏季到来，葱莲会迎来短暂的休眠期，接着在夏末的雨中重回生机。

哪里种

葱莲喜欢温暖、干燥的夏季，因此需要排水良好的土壤并选择阳光充足的位置栽种，靠着墙根，或者种在升高植床中或砾石花园里。此外，葱莲也适合盆栽。

如何种

除了夏季之外，其他时间葱莲的鳞茎需要大量的水分。夏末种下，浇水，它们就能快速生长，尽管第一年可能不会开花。

栽种秘笈

最好的建议就是，一旦这些鳞茎扎根后就不要再动它们了。如果是盆栽，可以让鳞茎变得满满当当，这样能促使葱莲更好地开花。

在自然栖息地大约有 30 种葱莲，它们往往会在雨后不久就开花，其别名雨百合也因此而得名。花期有可能是春季、夏季或秋季，取决于当地的气候条件。

在野外看到的球根植物

你有没有想过自家花园中栽种的球根是从哪里来的？野外所能看到的球根植物，花朵努力地从山坡草地里野蛮生长的草中探出头来，遍布整个林地或者在突出的岩石旁若隐若现，让你对它们的生活方式有了新的认识。你会了解它们生长的环境，看到在它们旁边一起共生的植物，在探索球根植物的自然栖息地时和它们相遇，着实令人兴奋不已。

在格鲁吉亚的高加索山脉中，草地里盛开着秋季开花的华丽番红花

球根植物的常见地区多为季节性干燥的地中海气候。球根的主要搜寻区域包括美国加州，南非，智利和地中海地区。春季或秋季时去游览，你会看到很多正在开花的球根植物。

如果你住在欧洲，那么向南出发，可以前往西班牙南部，希腊，土耳其或任何一座地中海岛屿上。如果你习惯在炎热的夏季外出度假，你会惊喜地发现地中海的春季有草木的味道和清新的感觉。你不必长途跋涉地去寻找球根植物，沿海地区的岬角地带、突出的岩石边、橄榄树林边，甚至是道路的边缘都值得去看一看。如果你渴望看到很多的种类，有些地方的球根植物的种类尤其多样。例如，西班牙安达卢西亚自治区的山上，或者希腊的伯罗奔尼撒半岛、土耳其的西海岸以及克里特岛，这些都是搜寻球根植物的热点地区。

地中海地区周围，你最有可能看到的球根花卉有葡萄风信子、伯利恒之星和银莲花；海拔较高的地方，则会看到生长在草地中的番红花。近90%的野生水仙都是在伊比利亚半岛上发现的，想看这些品种的话，就去西班牙和葡萄牙吧！在东地中海地区，在希腊和土耳其西部，你可能会遇到贝母，可能还有几种郁金香。

郁金香的自然生长范围广泛，从地中海地区往东一直到中亚，在中亚的山脉上有着最为多样的品种。这种旅行是给富有冒险精神的旅行者准备的，不过也有很多关于该地区植物群的旅行团。外高加索地区的格鲁吉亚、亚美尼亚和阿塞拜疆是又一些植物群多样性的热点地区，其中生长的球根植物有郁金香、仙客来、鸢尾、雪花莲和番红花。

从意大利的一处石墙中钻出的常春藤叶仙客来

在南半球，智利和南非都有着丰富的球根品种。南非的尼沃德维尔小镇是出了名的世界球根之都。在整个的夏季干燥气候地区都能看到球根植物的身影，从开普敦到北开普省半沙漠地带的斯普林博克南部。唐菖蒲、鸢尾、肖鸢尾和喇叭百合都是可以留意找到的植物。东部较远的东开普省，莱索托和德拉肯斯山脉，属于夏季湿润气候，是夏季生长的球根植物的家园，比如百子莲和夏风信子。

落叶林地栖息地也是季节性干燥气候，这是因为树木长满叶片时需要吸收大量的水分。秋末到春季，趁大树光秃秃的时候，球根植物会借机充分利用阳光和水分生长。北美洲东部的森林，特别是阿巴拉契亚山脉，是美丽的春季球根植物之家。在这里可以看到的植物有延龄草和狗牙堇。在欧洲北部的森林里，尤其在英国，晚春时的蓝铃花会营造出一个魔幻的世界，用耀眼的蓝色铺满整个地面。

球根的保护

将球根生长所需要的一切物品都装在干净、耐旱的包裹里，方便运输。当保持干燥及适度凉爽时，球根可以被大量地运往世界各地。大部分的园艺贸易球根都会种在种植基地或植物苗圃中，这种交易不会威胁到野外植物。不过，对于不易大批量成活以及繁殖速度缓慢的球根而言，人们仍会从野外获取。

如果售卖从野外获取的球根会危及野生物种群体的话，这种贸易会受到管控，以确保可持续性的收获。《濒危野生动植物物种国际贸易公约》（也称《华盛顿公约》，CITES）对某些物种的出口设置了配额。比如雪花莲和仙客来，属于典型的受欢迎的球根，正因为园艺爱好者们对它们有着很高的需求量，所以会威胁到野外的种群。

保护野生球根种群项目中有一个实例，是《华盛顿公约》缔约国中的英国皇家植物园邱园与格鲁吉亚当局共同确保雪花莲中的特定品种高加索雪花莲的可持续性收获。通过调查自然种群和监控栽培计划，设置了出口配额来限定交易量。如果你特别幸运，走在了周围有上千棵雪花莲的林地斜坡上，你可能会想，挖上几个带走也不会造成什么损害和影响，然而，你要是知道每年从格鲁吉亚合法出口的球根数量为 1500 万个，那就不难理解：未经有效管制的交易很快就能损害到这种植物的野外种群。

智利蓝番红花就是在 19 世纪被发

在格鲁吉亚种植的高加索雪花莲，作为出口品种

现后遭受了过度采集，很多年来，人们都认为它在野外已经绝迹。鲜红色的斯普林格郁金香至今仍被认为已经灭绝，其具备结出大量可育性种子的能力，但仅可在人工栽培条件下成活。

因此，保护野外植物非常重要，要知道即便少量采集也会对植物的生存状况造成不良的影响。

常见问题

大多数常见的园艺球根，只要种在对的地方，适应能力都很强，极少出现严重的问题。良好的栽培条件是保持球根健康的关键。如果球根植物看起来不精神或者不开花，又或者第一年过后就觅不到踪影的话，不出意外都是由于生长条件太差导致的。

当然，有些害虫会以健康的植物为食，如果放任不管，最终会害死球根。最常见的情况是，昆虫吸食多汁的叶片和花茎中的汁液，植物逐渐衰弱后又受到真菌的感染。吸食树液的昆虫还会散播病毒。其他以树叶为食的昆虫会导致植物彻底掉叶，造成致命的损害，彻底摧毁球根。球根自身最常出现的问题是真菌病害，即便如此，昆虫还是能以之为食。

消失的球根

球根消失最常见的原因是土壤条件不合适。夏季许多球根都需要适度干燥的休眠期，如果土壤全年都很潮湿，球根就会烂掉，除非它们在夏季需要一些水分，像蛇头贝母那样。

对于生长在草地里的球根来说，土壤的紧密度也是个问题。如果草地踏上去很厚重，土壤则不能正常排水，会导致积水。秋季还是应该用园艺叉耙一耙草地，让土壤透气的。加入大约 5 毫米厚的沙质表土，来改善排水性。

逐渐变少或变小的花朵

如果让单独的球根自己去长成满满当当的团块，就会出现营养匮乏，只长叶不长花的情况。挖出凝结的团块，分离球根并分散种植，让它们每一个都有生长的空间，并充分获取土壤中的营养物质。例如，雪花莲就应该每隔几年挖出来做一做分离。

盆栽的球根也会出现营养缺乏的情况。使用新容器栽种时，始终都要使用新鲜的混合土（详见"在容器中栽种球根"，第 20 页）。在球根生长时，要施用低氮液肥。

如果把花盆放在温室或暖房的话，这种额外的保护会导致害虫的泛滥，比如粉蚧。它们通常会出现在球根中，默默地啃食掉里面存储的精华。粉蚧看上去像是微型的木虱或球潮虫，只是它周身覆盖着白色的粉状蜡。将甲基化酒精涂在粉蚧身上，分解掉它们身上的蜡质涂层就可以杀死它们。

扭曲生长

如果花茎或叶片看起来是扭曲的，说明里面有大量滋生的蚜虫。它们会以难以置信的速度繁殖，密密麻麻地聚居在你新生发的球根植株上。它们会闷死花蕾，让它们无法开花，还会在叶片背面把自己喂得肥肥壮壮。蚜虫的排泄物是一种黏稠的物质，叫作蜜露，蚂蚁很喜欢这种东西。蚂蚁会"饲养"蚜虫，粘着蚜虫们走来走去或者把它们转移到其他新植物上。滴落在叶片上的蜜露还

亮红色的百合甲虫成虫看上去很漂亮，但是其幼虫的破坏力很强

会滋生烟煤病。

可以对蚜虫喷杀虫剂，但是有了蚂蚁的帮助，它们很快就会卷土重来，因此有必要定期治理。此外，你可以给蚜虫们喷肥皂水，这样可以堵塞它们呼吸的微孔，但如果经常使用或者溶液浓度过高，也会损伤到植物。对于早期出没的蚜虫，可以直接用手指捏爆，但如果已经聚集成一大片的话，就很难用这种办法对付了。

条痕和锈斑

叶片上浅绿色或黄色的条痕，以及花瓣上的条纹都是病毒感染的信号。在极端情况下，病毒会损害植物并使其变形。植物可能会继续存活数年，但不再好看——特例是据说有一些"受过侵害"的郁金香的花朵会长出迷人的图

案。病毒是蚜虫从一株植物移动到另一株植物时传播的。强健的新生植物即便携带病毒也不会受到侵害，而且种子不会携带病毒，所以你可以试着栽种新的植物。

锈病是真菌感染导致，可以看见有色的产孢体，称作菌落，常见于叶片上。健康的植物可以拔掉叶片以防止扩散，不过受到感染的叶子一定要处理掉。严重爆发时可使用杀菌剂。

某些球根特有的害虫

水仙球蝇能杀死水仙及其同科中的其他植物，比如雪花莲和纳丽石蒜。这种球蝇会在植物的颈部产卵，一旦孵化出来，蛆虫会向下爬到球根上，由内向外啃食。球根植物开花后，将其周围的土压实以阻止蛆虫闯入球根。

百合甲虫会侵害百合以及百合科中的其他球根植物，比如贝母。亮红色的甲虫可以在夏季看到，受到干扰时会落到地上，露出黑色的下腹，使其很难被发现。你必须迅速将其去除。它们的幼虫会啃食叶片并在上面留下排泄物。

郁金香疫病是一种真菌病，会摧毁一整片郁金香。这种真菌会在潮湿的条件下大量滋生，一开始先是在花和叶上长斑点，扩散开后会导致严重的斑纹和扭曲，随后杀死球根。明亮的、光线充足的位置，加上充分的通风条件，可以降低郁金香疫病蔓延的可能性。如果已经得了病，就要清除掉附近所有的郁金香，先种些其他植物，至少要养 3 年。

一年四季要做的事

秋季

准备

· 对于许多园艺球根来说，秋季是一年的开始，所以要计划你想要什么以及种在哪儿。如果你还什么都没做，现在就去买。越早开始，选择越多，受欢迎的品种很快就会售罄。

· 去掉一些多年生草本植物，在花境中为球根花卉腾出位置。

· 深翻土地，如有必要可添加有机物质来改善排水性和提供养分（详见"整地与栽种"，第18页）。

· 随着夏季的到来，花盆等容器中的植物开始枯萎，取出里边的植物并把每个花盆清理干净，为填入新土和春季球根做好准备。

栽种

· 将冬季和春季开花的球根在花园中地栽或放入容器中盆栽。初秋是栽种大多数球根的好时候（详见《专题7：安排一场华丽的春日球根花卉盛事》，第86页），但有一些球根，比如郁金香，可以等到秋末再种。百合通常会在春季出售，不过，如果你能提早买到的话，就在这个时候种下。

· 记住，大部分的球根都最好埋得深一些，因此要用一把质量好的、结实的铲子给较大的球根挖坑。

· 如果你想多种些，可以从夏季开花的球根上收集种子，先存放在阴凉干燥的地方，直到可以播种时（详见《专

题9：从种子开始培育球根花卉》，第104页）。

养护

· 去掉夏季球根植物干枯的花茎。

· 除去花园中的杂草，清理掉秋季开花的球根植物的落叶，展示出最佳状态。

· 秋末时用花园堆肥、腐叶土或充分腐熟的粪肥覆盖你的花境。这样可以为球根提供养分，控制杂草生长，并保持土壤中的水分。在干燥花园或岩石花园中可使用沙砾。

· 将种有半耐寒球根的花盆做遮挡保护，以免冻伤。

冬季

准备

· 一年的这个时候，花园是最容易保持整洁的，因为几乎没有杂草，即使有的话生长也非常缓慢，此外，大多数的树叶将会被吹走或者已经清理干净了。不过偶尔还是要在花园里四处查看一下，以免早花球根——比如雪花莲和冬菟葵——被树叶盖住。

· 如果天气预报预计气温会低于-5℃，就要给不太耐寒的植物采取额外的保护措施，比如百子莲。用树叶或园艺用羊毛盖住它们的顶部，直到天气有所好转为止。

栽种

· 冬季也是播种的季节，可以播撒耐寒球

秋季是栽种冬季和春季开花球根的时节

要确保冬菟葵等的球根没有被落叶盖住

根的种子，不管是秋季、春季还是夏季开花（详见《专题9：从种子开始培育球根花卉》，第104页）。许多种子都需要经历一段寒冷的时间后才会发芽，因此要把它们放在户外，感受冬日的寒冷。一旦幼苗出现了，在最冷的天气里就要对它们采取保护措施了。

· 如果土壤没有冻实，可以在冬末时栽种百合与雄黄兰等耐寒的夏季球根。

· 雪花莲开过花后，可以把它们挖出来后分离。分散地种在周围，弄散密实的团块，来提升下一年的开花效果。

· 趁"绿"购买雪花莲，买来就立刻种下（详见《专题11：打造一座冬季球根花园》，第120页）。

养护

· 大部分球根现在都该长大成熟了，因此需定期查看温室、暖房或窗台，以及户外的盆栽球根，因为在干燥期，需要及时浇水。

· 清理掉任何残存的叶片，让冬季开花的球根自由自在地开花。

· 如果你的夏季开花球根一直都种在花盆里，现在是个换盆的好时候（详见"在容器中栽种球根"，第20页）。把它们倒出来，彻底清理花盆，防止疾病的传播。重新为球根上盆时，始终都要用干净的、新鲜的混合土。

春季

准备

· 随着天气转暖，白昼变长，花园再次焕发生机。花朵快速接续更迭，从番红花到水仙，从郁金香到花葱。欣赏并享受这一切，充分利用阳光明媚的日子。记录下你想改变的，如果觉得一切都很完美，也记下来。拍些照片

- 并造访其他花园以获取灵感。
- 球根植物开花后，保持球根尽可能长时间的生长尤为重要，因为它们需要为来年再次开花积蓄力量。

栽种

- 播种不太耐寒的球根（详见《专题 9：从种子开始培育球根花卉》，第 104 页）并且做好晚霜冻害的防护。如果你有冷床或温室，将有种子的花盆放在里面，别忘了浇水，在温暖的春日它们很快就会变干。
- 继续栽种夏季球根，特别是那些不太耐寒的品种，比如百子莲、狐尾百合、凤梨百合和唐菖蒲。
- 挤爆刚开始出现的蚜虫，或者施用肥皂水以及杀虫剂（详见"扭曲生长"，第 136 页）。早期的治理会防止蚜虫不可控的大量滋生。

养护

- 定期给花盆和窗槛花箱浇水，因为它们变干的速度异常惊人，但不要浇得太多，应查看表层土壤下面是不是已经干了。
- 要不断修剪杂草，它们现在应该已经开始生长了，要防止它们疯长，以免到时一发不可收拾。
- 要随时留意病毒或真菌病的迹象（详见《常见问题》，第 136~137 页）。如果某株植物已经严重感染了，最好的办法就是将其彻底移除并丢掉。不要将染病的植物放入花园堆肥中，这样病毒和真菌会散播开来。

- 当球根看上去需要助力的时候给它们施肥，地栽和盆栽都一样。在土壤中撒一些低氮肥，然后让雨水帮助肥料渗透进去，或者使用液肥。
- 当球根植物的花期结束，继续让叶子生长。如果需要，还要给它们浇水，尤其是盆栽的，叶片变黄之前不要摘除。如果想收集种子，也可以看看有没有。
- 如果草地里种有球根植物的话，先不要修剪草坪。花朵凋谢后，至少需要等待 6 周，让它们自然地枯萎。
- 球根花卉枯萎后，当你可以看出球根在哪儿的时候，挖出来后分离。然后将它们直接种下去，给它们浇水，这样球根就会尽可能地继续生长（详见"简易繁殖法"，第 23 页）。

夏季
准备

- 继续记录下美好的植物组合或者需要改进的不足之处。夏季球根花卉不得不和一大批其他夏花竞争，所以，如果你打造出了漂亮的组合，一定要把它记下来，可以拍下来、写下来，最重要的是，享受它。
- 现在，新的一批商品目录和球根清单即将出炉，你可以开始计划下一年的花卉展示了。如果有你特别想种的球根，一定要提前预订。

栽种

- 栽种秋季开花的球根，比如草原藏红花和仙客来（详见《专题 10：将

左图 百子莲可以成为辉煌的夏日展示花卉
上图 当球根植物的花朵开始凋谢且花茎变干时，可以小心地移除它们，让花园保持整洁清爽

秋季球根自然化到你的花园里》，第114页）。只要空气中有一丝秋的气息，它们就会开花，所以不要让它们离开土地太长时间。

· 夏末是繁殖球根的好时候。用余下的春季开花球根，尝试划割、扦插、切块或者双重扦插来繁殖（详见"简易繁殖法"，第23页）。等到来年春季，你可能会繁殖出许多的球根来。

· 如果你的幼苗在花盆里已经待了一年或更久，趁它们休眠的时候挖出，看看这些小球根长得怎么样。如果够大了，就把它们种在更大一点的花盆里再养一年。

养护

· 初夏时，你可以开始修剪种有晚春开花的球根花卉的草地了。修剪的地方看上去不大整洁，开始的时候会有些

棕黄色，不过青草很快就会把它们盖住。

· 清理掉春季开花的球根花卉枯萎的叶片，这样它们就不会落在地上烂掉。否则真菌的孢子会散播到其他植物上。

· 要留意百合甲虫，一出现就立刻除掉（详见"某些球根特有的害虫"，第137页）。

· 要给花园除草以保持整洁，防止杂草与你想要好好养护的植物竞争。

· 定期给盆栽的球根浇水，也要查看花园的土壤。土壤长时间太过干燥会损害夏季鳞茎。

· 一旦花葱的种子头看上去有些凌乱了，就把它们去除。有些里边会有种子，如果你想试着种的话，可以收集起来，或者让它们秋季的时候自然掉落，在花境中萌芽。

Original Title: The Kew Gardener's Guide to Growing Bulbs
First published in 2019 by White Lion Publishing,
an imprint of The Quarto Group.
Text © 2019 Richard Wilford
Illustrations © the Board of Trustees of the Royal Botanic Gardens, Kew
This edition first published in China in 2023 by BPG Artmedia (Beijing) Co., Ltd, Beijing
Simplified Chinese edition © 2023 BPG Artmedia (Beijing) Co., Ltd

图书在版编目（CIP）数据

英国皇家植物园栽种秘笈 ： 球根 ／（英）理查德•
威尔福德著 ； 邢彬译. — 北京 ： 北京美术摄影出版社，
2022.12
（邱园种植指南）
书名原文：The Kew Gardener's Guide to Growing
Bulbs
ISBN 978-7-5592-0503-2

Ⅰ. ①英… Ⅱ. ①理… ②邢… Ⅲ. ①球根花卉—观
赏园艺 Ⅳ. ①S682.2

中国版本图书馆CIP数据核字(2022)第097525号
北京市版权局著作权合同登记号：01-2021-1490

责任编辑：于浩洋
责任印制：彭军芳

邱园种植指南

英国皇家植物园栽种秘笈
球根
YINGGUO HUANGJIA ZHIWUYUAN ZAIZHONG MIJI
QIUGEN

[英]理查德·威尔福德 著

邢彬 译

出 版 北京出版集团
北京美术摄影出版社
地 址 北京北三环中路 6 号
邮 编 100120
网 址 www.bph.com.cn
总发行 北京出版集团
发 行 京版北美（北京）文化艺术传媒有限公司
经 销 新华书店
印 刷 广东省博罗县园洲勤达印务有限公司
版印次 2022 年 12 月第 1 版第 1 次印刷
开 本 787 毫米 × 1092 毫米 1/32
印 张 4.5
字 数 100 千字
书 号 ISBN 978-7-5592-0503-2
定 价 89.00 元

如有印装质量问题，由本社负责调换
质量监督电话 010-58572393

图片致谢

a= 上; b= 下; m= 中; l= 左; r= 右

© Jason Ingram 18m+b,
35al+am+ar, 51al+am+ar+bl,
59al+am+ar+bl, 71al+ar+ml+mr,
79al+ar+bl, 105al+am+ar+ml,
121al, 141r

© Richard Wilford 8, 11, 13l+r, 13r,
15, 17, 20, 21r, 25al+ar+b, 35bl+br,
37, 39, 41, 44, 46a, 47a, 64, 71b,
79ml+br, 83, 87am+ar+br, 105mr+b,
113, 115al+ar+b, 121am+bl+br,
122, 129al+am+ar+bl+br, 133, 134,
135

© Shutterstock 2 Denys Dolnikov,
6–7 Natasha Breen, 13 Cornelia
Pithart, 18t bluedog studio, 21l
Natalia van D, 22 Martin Fowler,
26–7 EsHanPhot, 28 RukiMedia,
29 Martina Kieselbach, 30 Martin
Fowler, 32 Flower_Garden, 36
Heiti Paves, 40 Sarah Marhant, 43
Sarycheva Olesia, 45 Peter Turner
Photography, 46b catus, 47b Jordan
Tan, 48 Sinelev, 49 Przemyslaw
Muszynski, 51br RukiMedia, 52
Del Boy, 53 RukiMedia, 54 Peter_
Fleming, 55 RaGS2, 56 Natalia
van D, 57 Victoria Kurylo, 59br
Peter Turner Photography, 61
Linda George, 62 Natalia van D,
63 Frauke Ross, 65 Annaev, 66
Predrag Lukic, 67 Del Boy, 68
Cristian Gusa, 69 Andrew Fletcher,
72 Gucio_55, 73 Haidamac, 74 Ruth
Swan, 75 Peter Turner Photography,
76 Hivaka, 77 Ihor Martsenyuk,
79mr Flower_Garden, 80 Gabriela
Beres, 81 ajisai13, 82 acchity, 84
Bob Saunders, 85 alybaba, 87al
Drozdowski, 87bl J Need, 88 Mihai–
Bogdan Lazar, 89 padu–foto, 90
Nick Pecker, 91 Gherzak, 92 Jiang
Tianmu, 93 Guillermo Guerao Serra,
95al+r Polina Lobanova, 95ml
rob3rt82, 95bl Aleksei Verhovski,
95br Rozova Svetlana, 96 Itija, 97 V J
Matthew, 98 rontav, 99l Nick Pecker,
99r sebastianosecondi, 101 Oxik,
103 Peter Turner Photography, 106
art of line, 107 Fenneke Smouter, 108
Tamara Kulikova, 109 Matt Hopkins,
110 mizy, 112 Julian Popov, 116
Byron Ortiz, 117 Brian A Wolf, 118
RukiMedia, 119 Sheila Fitzgerald,
121ar Ernie Janes, 123 J Need, 124
Skyprayer2005, 125 NataliaVo, 126
Peter_Fleming, 127 Janelle Lugge,
130 Madelein Molfaardt, 131 Zigzag
Mountain Art, 132 Doikanoy, 137 L.A.
Faille, 139l OlgaPonomarenko, 139r
Jgade, 141l ingehogenbijl